食料安全保障と農政改革

まともな農水省ＯＢの農政解読

荒川隆

日本農業新聞

食料安全保障と農政改革——まともな農水省OBの農政解読／目次

はじめに　13

第一章　食料・農業・農村の今――大いなる誤解を解くために……16
一　農業は日本経済の1・5％産業？　16
二　農業者はお年寄りばかり？　18
三　食料自給率はちっとも向上しない？　22
四　輸出は役に立つのか？　24

第二章　農業・農村政策の基本……28
国境措置と直接支払い――農業・農村支えるコスト　28
「食糧政策」と「食料政策」――バランスのとれた組織と予算を　30
人・農地関連2法が成立――現実的な政策判断を評価　33
農業・農村の未来のための仲間づくりを――後ろから鉄砲を打たれないように　35
持続可能な畜産業に向けて――新技術と新資源の活用を　38
農業版「異次元の少子化対策」――多様な担い手への理解を　40

まちおこしサミットで考える――地域政策・産業政策に資する直接支払い　43
部分最適から全体最適へ――暮らしが成り立つ農業を　45
農業・食品産業のグリーン化――ルール形成への関与必要　48
今こそ「大人の食育」を――栄養も、健康も、農業も　50
政治の季節と農政――政策の見極め判断を　53
総裁選と代表選――真の味方は誰なのか　55
新政権の農業政策――所信表明の熱量で推進を　58
選挙後の農政の行方――混迷は深まるか　60
財政審建議を考える――食料安保環境の直視を　63

第三章　規制改革と「奇妙な農政改革」の失敗……66

「農政改革」のその後――現場の理解なき改革の末路　66
指定団体の将来像を考える――安定した生乳流通模索を　69
3年に1度のJA全国大会――真の自己改革の継続不可欠　71
豪雨災害と農地所有問題――命と生活守る社会的規制　74

年末年始の生乳需給——需要拡大策や制度検証を　76
新しい資本主義と規制改革——企業農地所有の行方に注目　79
物流２０２４年問題の行方——背景にある規制緩和の見直しを　81
紅麹問題を考える——誰のための規制改革か　83

第四章　食料安全保障の確立と基本法改正の道のり……87
経済安全保障と食料——食料安全保障を忘れるな　87
食料安全保障の道のり——真剣な政策提案へ一票を　90
食料安保のための政策転換（上）——価格支持を直接支払いへ　92
食料安保のための政策転換（下）——直接支払い議論に本腰を　94
基本法の検証始まる——大胆で有効な政策体系を　97
補正予算が閣議決定——食料安保にも積極投資を　99
安全保障に注目の一年——防衛費増額、食料に影響は　102
経済安保推進法と肥料——国産肥料への転換が急務　104
大詰めの基本法検証——適正な価格形成に向けて　107

地方意見交換会――適正な価格形成のために　109
内閣改造と基本法・秋の陣――食料安保の確立に向けて　112
食料安保と農地の確保――生産基盤の維持・培養を　114
基本法改正に向けた取り組み――関連法も含めた早期成立を　117
基本法改正と食料システム――真の食料安保のために　119
生成ＡＩと行政――クリアな頭脳と暖かい心の両立を　122
「多様な担い手」と「適正な価格形成」――長年の政策課題に大進展　124
波高い通常国会が閉幕へ――改正基本法の今後に期待　126

第五章　物価高騰と適正な価格形成……130

食料品価格高騰の一年――適正な転嫁のシステムを　130
食料品価格と転嫁円滑化対策――政府の本気度を占う　133
物価高騰緊急対策が決定――国内産供給体制の整備を　135
物価高騰への対応――激変緩和より根本対策を　138
物価高騰対策、出そろう――物価に追い付く賃上げを　140

持続可能な食料システムを——消費者の理解が不可欠に　143
食料システム検討会の行方——価格も経営・所得政策も　145

第六章　いつも多難な米政策　148
生産調整と先物——米の適地適作定着を期待　148
米政策巡る攻防激化——衆院選、悔いなき選択を　150
衆議院選挙を終えて——農政公約から見えるもの　153
「どうする22年農政」に寄せて——制度や財源、骨太な論議を　155
主産地の概算金出そろう——公正な価格形成の場、早く　158
気候変動と食料安保——備蓄の重要性を認識せよ　160
米消費拡大に必要なもの——主食用以外の需要に活路　163
水田政策の見直しの行方——食料安保の財源確保を　166

第七章　霞が関　岡目八目　169
生産者による需要開拓——チェックオフや支援構築を　169

投資円滑化特措法が成立――恩讐超えて有効な運用を　171
農水省の組織再編――職員の意識「覚醒」を期待　174
福島農業復興の今――なりわいと暮らしの安定を　176
オリンピックのレガシー――そして何が残ったか　179
デジタル社会の進展――農業でもＤＸの浸透を期待　182
ジビエ活用の効果――食べて防ごう、鳥獣被害　184
農産物輸入増加と植物防疫――病害虫から国内農業守る　187
提出予定法案固まる――円滑審議へ多様な戦略　189
輸出目標1兆円の実現――多様な国際展開も支援を　191
営農型太陽光発電の行方――両立可能な制度の実現を　194
諫早湾干拓判決に寄せて――混迷招いた重い政治判断　196
土地改良区と准組合員制度――地域と共生、仲間づくりを　198
ＳＤＧｓと正しく付き合うために――経営トップの理解が不可欠　201
ＪＡ全農岐阜県本部の新規就農支援・農福連携の事例紹介――産業政策も地域政策も　203
プラスチック新法の施行――社会的コストの見極めを　206
コロナ全数把握で混乱――国の仕事か地方の仕事か　208

食料システムの輪を広げよう――ある製粉企業の取り組み　211
競馬法改正が成立――公益貢献へさらに尽力を　213
地方議員に多様な成り手を――公務員も議員の候補者だ　215
深刻化する鶏卵不足――多用途へ安定供給確保を　218
一関の餅料理で食文化を考える――ユネスコ登録から10年　220
将来人口予測と外国人労働者――覚悟をもった選択だろうか　223
公務員の再就職規制――行政能力の劣化を憂う　225
「ワニの口」に思う――財政当局の矜持を　227
基金の点検・見直しが決着――農業者との約束、忘れまい　229
外国人労働者とこの国の形――立ち止まり考えるべき時を逃すな　232
食品ロス削減とフードバンク――政府全体で実効ある仕組みを　234
高木賢さんをしのんで　237
第八章　食料安全保障と農政……239
一　新型コロナと食料安全保障　239

二　経済安全保障と食料　240
三　食料安全保障と農政　242
四　営農型太陽光発電について　253

第九章　適正な価格形成をめぐる課題と展開方向について……258
一　議論の端緒　258
二　価格形成に関する施策の歴史とこれまでの取り組み　259
三　今次基本法改正における適正な価格形成の議論　266
四　今後の課題と目指すべき方向　270
五　食料システム当事者の一層の努力と直接支払いの可能性　271

第十章　農林水産省の組織再編について
政策統括官の廃止と農産局・畜産局の設置を中心に……274
一　はじめに　274
二　近年の農水省組織再編の歴史　276

三　今次組織再編の背景と評価　281
四　今次組織再編が積み残したもの　286
五　むすびに　294
あとがき　295

第二章から第七章までに掲載した日本農業新聞掲載「農政岡目八目」と、時事通信社「Agrio」掲載「農と食のコラム～農政展望台」の記事については、直近の政策動向を踏まえた新たな書き下ろしを加えた。

食料安全保障と農政改革

まともな農水省ＯＢの農政解読

はじめに

元号が令和に変わって以降、我が国の食料安全保障環境は大きく変化している。自由と民主主義、法と正義、契約と信義則、など我が国の政治・経済・社会活動の前提となる大原則が大きく揺らぎ始めている。

2019年秋から始まった新型コロナ感染症は、瞬く間に世界を覆い国際的なパンデミックとなった。翌年春にはわが国でも初の死者が確認され、前例のない（100年前のスペイン風邪は前例となりえなかったようだ）事態に政権もなすすべがなかった。横浜港に到着した大型クルーズ船内に3000人もの乗員乗客が閉じ込められ、うち1000人を超える日本に帰国した自国民が上陸を拒絶されるという前代未聞の事態となった。その後も感染は収まらず、著名な芸能人の感染・死亡が伝えられると、人々の不安と混乱は増嵩《ぞうすう》していった。全国的な小中学校の閉鎖は混乱に拍車をかけ、都知事のステイホーム宣言と三密回避のお達しにより、首都東京の機能はほとんど停止状態となった。

お隣の中国では「ゼロコロナ政策」が推進され、世界一の人口を誇ったこの国の生産、流通、消費が停止した。世界の工場が停止した影響は全世界に及び、我が国でも半導体不足で自動車生産が止まり、給湯器の不足でマンションの引き渡しが遅れるなど、社会生活に大きな影響が及んだ。国内生産

100%と経済産業省が喧伝したトイレットペーパーがスーパーマーケットの棚から消え続け、マスクや消毒液が店頭からなくなったのも記憶に新しい。

2022年には、ロシアがウクライナに軍事侵攻した。世界のパン籠と言われる肥沃な大地を有する農業大国ウクライナへの軍事侵攻は、世界の食料需給に大打撃を与えた。国際商品作物である小麦の国際価格は急騰し、同時に実施されたロシアに対する経済制裁は、天然ガスなど食料以外の諸物資の供給不安、価格高騰をもたらした。

新型コロナとロシアの軍事侵攻という歴史的大事変の渦中にも、我が国食料供給システムはなんとか機能することができた。包装資材の欠品や物流の滞りにより、一時的に小麦粉や牛乳の品薄は見られたが、マスクやトイレットペーパー、消毒液のような体たらくにはならなかった。これもひとえに、毎日の生産・出荷・物流を止めなかった食料供給システム関係者の大いなる努力の賜物だ。

2012(平成24)年の政権交代以降、自公政権は3年3カ月に及んだ民主党政権の停滞・混乱からの脱却と回復による高揚感の中で、政治的には保守主義の色合いを強め、経済においては、市場原理主義的な政策運営が行われた。農政についても既に明らかなように、政権復帰以降、農政改革の名のもとにいくつもの制度変更が行われた。地域の話し合いをベースにした市町村行政や農協組織によるソフトな農地集積・集約化路線を全否定し、農地中間管理機構による単線的強権的な農地集積・集約化が進められた。協同組合原則に疑問を呈し、農村現場における産業政策と地域政策の担い手たる農協系統組織の分割・株式会社化、一般社団化など公然たる挑戦も行われた。指定生乳生産者団体という協同組合原則を活用した効率的な生乳需給調整、供給・価格安定装置にも大きな風穴が開けられた。

これらの制度変更から10年が経過した。農地集積集約化目標ははるかな未達状態だし、全農を始め農協系統には株式会社化の需要は無く、指定団体に属さないフリーライダーの存在で生乳需給・価格は不安定さを増している。当初意図された農政改革の成果が実現しないまま、政権も変わり、この「奇妙な農政改革路線」は終焉した。

一方で、食料をめぐる情勢は、先述した国際的・国内的環境変化の下で、食料安全保障への国民的な関心の高まりという方向に向かっている。日々の暮らしに欠かせない、生命の維持に欠かせない、この食料というものを、将来にわたって安定的に供給し続けることは、国の基本的責務だ。制定以来25年を経過した食料・農業・農村基本法についての検証がようやく行われ、次の四半世紀につながる大きな法改正が実現したことは、喜ばしい。

本書は、このような大きな農政の流れに当事者としてかかわり、その後も彼岸から観察してきた者として、また、現在食料システムの中核をなす食品産業関係者の一員として、時々の政治的経済的社会的事象を踏まえて書き連ねてきたコラムを中心に、食料・農業・農村をめぐる書を編んだものである。混迷する食料・農業・農村政策を理解する一助となれば望外の喜びである。

２０２４年12月

第一章　食料・農業・農村の今――大いなる誤解を解くために

一　農業は日本経済の1・5％産業？

今から15年ほど前、3年3カ月続いた民主党政権の下で、我が国が環太平洋パートナーシップ協定（TPP）交渉に参加すべきかどうかの議論が沸騰していた頃、TPP推進派の人々が主張していたのが、この「日本農業1・5％産業論」だ。当時彼らは、「TPPは今後の国際貿易の基盤となるルールを決めるものであり、自由貿易を国是とする我が国がこのルールメーキングに参加しないことはありえない」、「仮にTPPへの加盟によって我が国農業に悪影響があったとしても、それは所詮全産業の1・5％に過ぎないものであり、そのためにわが国経済の屋台骨を支える輸出産業がTPPのメリットを享受できないことは看過できない」、そんなずいぶん乱暴な論調が主流だった。

2022年の数値では、我が国の総生産額（Gross Output）は1117兆円であり、うち農林漁業の生産額は12・7兆円、これに肥料・農薬などの農業資材供給業の生産額5・4兆円を加えると、18兆円程度となり、概ね1・6％程度となる。この数字だけを見れば、農業のウエートは小さいかもしれないが、だからといって

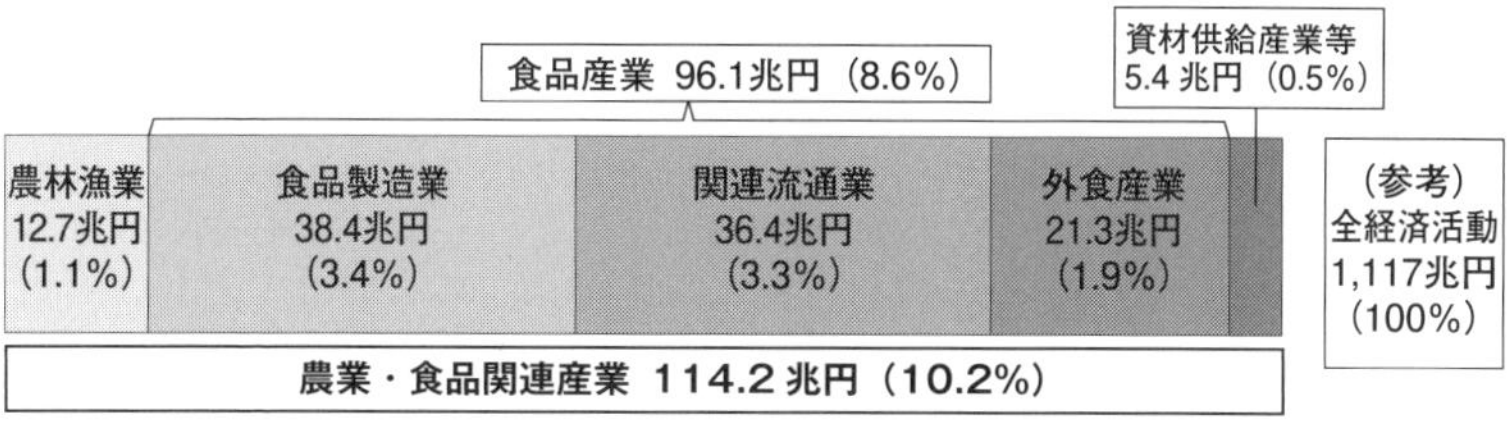

○農林漁業、食品産業の市場規模比較（国内生産額ベース 2022年）

	生産額（億円）	就業者数（万人）
電子部品・デバイス	173,328	64
金属製品	138,261	97
農林漁業	127,087	200
パルプ・紙・紙加工品	82,274	22
窯業・土石製品	70,333	30

	生産額（億円）	就業者数（万人）
製造業	3,581,702	1,055
卸売・小売業	1,299,907	1,041
食品産業	960,610	819
不動産業	804,870	112
専門･科学技術、業務支援サービス業	738,755	283

資料：農林水産省「農業・食料関連産業の経済計算」、内閣府 2022年度国民経済計算

国内農業がどうなってもいいということにはなるまい。

実際に消費者たる国民が食料品を手に入れるためには、農林漁業が生産する農林水産物を加工処理し、運搬し、卸売り・小売りを行う事業者の存在が不可欠だ。また、これを調理して提供する外食産業のウエートも高まっている。このような農林水産物を消費者に届けるためのさまざまな関連産業が存在して日々の食料供給が実現している。今般の食料・農業・農村基本法の改正によって、この農林漁業と関連産業の総体に「食料システム」という定義が与えられた。実は、食料システム全体としての生産額は１１４兆円にも上り、我が国の総生産額の１割を超える大きな産業となっている。また、生産金額にとどまらず、就業者数でみても、農林漁業２００万人、食品関連産業８１９万人と全就業者数（約６７００万人）の６分の１を占めている。

食料品は人々の生存に不可欠な重要な物資だ。カロリー供給の６割超を輸入に依存している我が国にとって、これ以上の国内農業の縮小は国家としての死活問題のはずだ。それにもかかわらず、「所詮1・5％なんだから」といった無謀な議論が行われていることに警鐘を鳴らしたい。

「15年前の議論だろう」、「もうTPPも発効してそんなに影響はないじゃないか」、そんな声も聞こえてくる。だが、決して昔の暴論ではないし、TPP発効の影響は徐々に国内生産を蝕んでいる。現実に、財務省の財政制度等審議会では、毎年毎年、農業予算について、厳しい建議が続けられている。曰く、「多額の国民負担を伴う日本の農業を自立した産業へと構造転換すべき」とか「食料安全保障は国内生産産の増大のみならず、輸入や備蓄の確保、輸出の促進により確保すべき」といった市場原理主義者たちの主張に相通じる提言が繰り返し行われている。農業の産業化の方向性を否定するものではないが、移動不可能な農地という生産基盤の上で展開される農業には克服できない制約があるのだ。生産性の向上や規模拡大だけで広大な新大陸の農産物輸出国と競争できるはずはない。近年の我が国をとりまく地政学リスクの高まりの中で、これ以上輸入依存を高めることは現実的ではなかろう。備蓄の重要性を主張しながら、米の備蓄数量を削減せよというのも論理矛盾だ。

改正基本法にうたわれたように、農業や食品関連産業が将来にわたって持続可能な存在となるためには、合理的な費用を誰かが支えなければならない。サプライサイド側の生産性向上努力は言うまでもないが、消費者の理解と行動変容、そしてこれらを後押しする政策による支援が求められている。

二　農業者はお年寄りばかり？

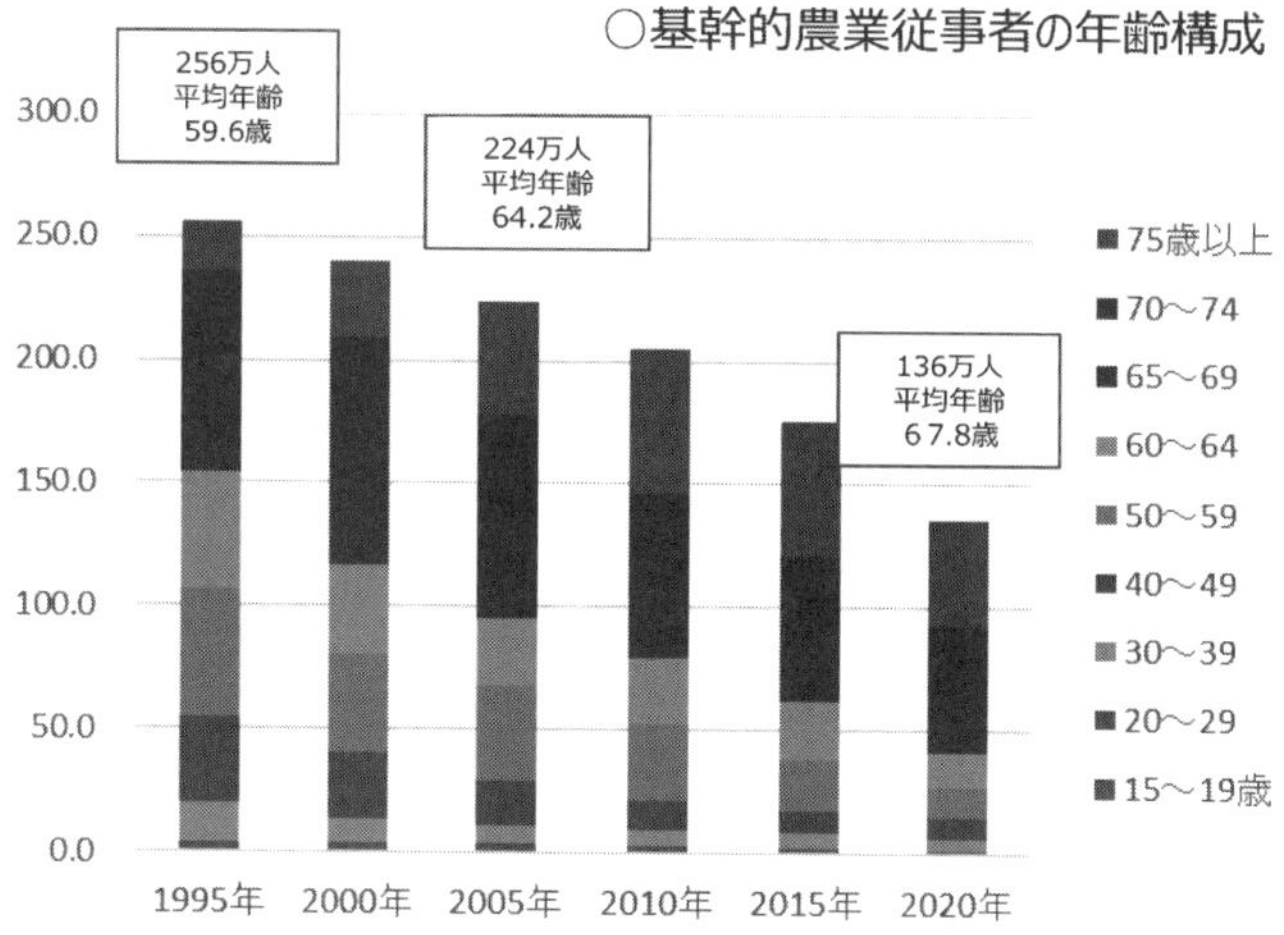

資料：農林水産省「農林業センサス」

基幹的農業従事者：
販売農家の世帯員のうち、ふだん仕事として主に自営農業に従事している者。
（家事や育児が主体の主婦や学生等は含まない。）

私も昨年65歳となり、いよいよ「高齢者」の仲間入りを果たした。とは言いつつ私が社会に出た頃とはだいぶ様相が変わってきている。当時、民間企業の多くは、まだ55歳定年制のところが多かったし、年金支給開始年齢も60歳だった。さらにその20年ほど前に初めて世に出た国民的人気漫画「サザエさん」のお父さん磯野波平の年齢は54歳、奥さんのフネは50歳だそうだ。

最近はあまり聞かれなくなったが、「人生100年時代」という言葉もあるように、かつてのように定年後に孫の相手をして老後を年金で暮らすのが当たり前という時代ではなくなってきている。働けるうちはしっかり働いて、年金も貰わず、納税もして、元気に過ごして最後はピンピンコロリでと、ここまでくると、

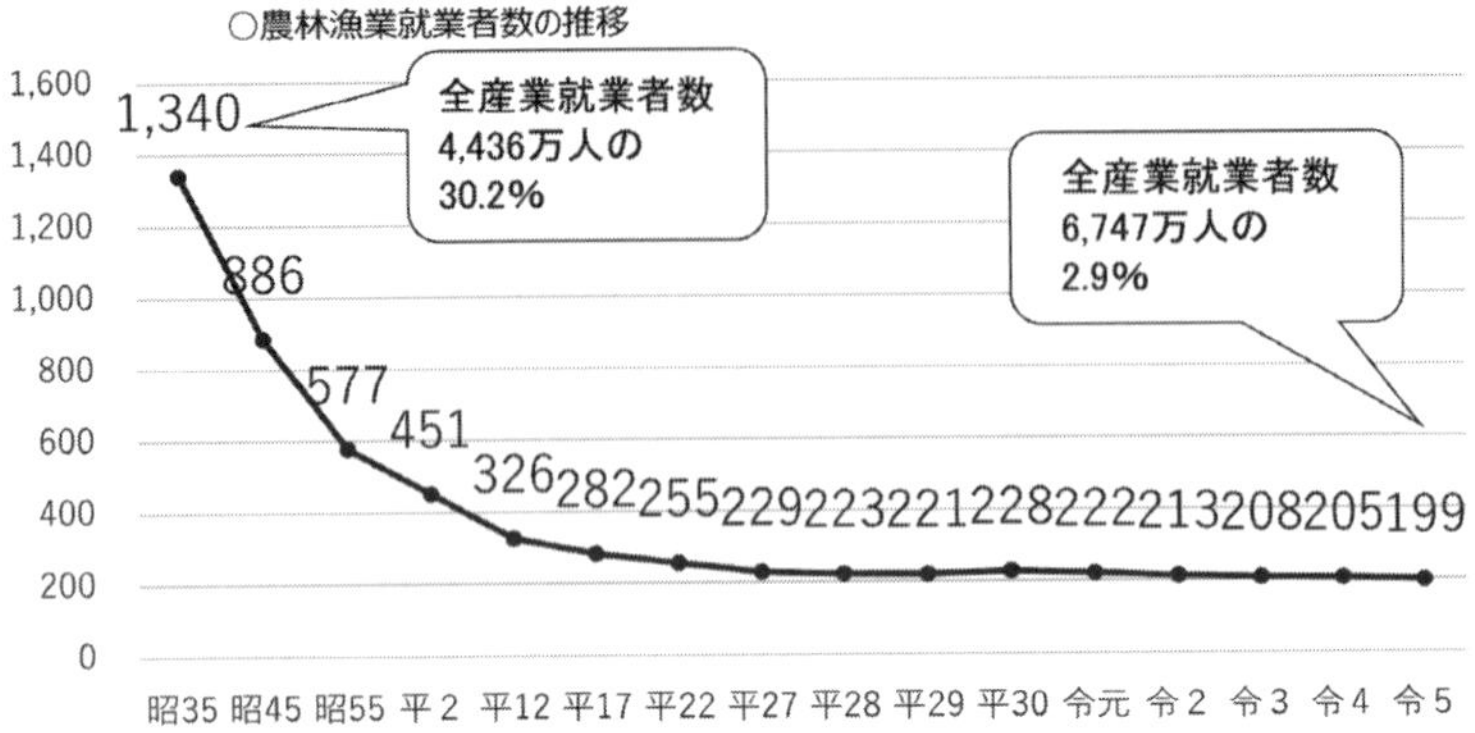

資料：総務省「労働力調査」

財政当局の術中にはまりそうだが、健康で長生きして、働き続けられれば、それに越したことはなかろう。

このような考え方は、まさに我が国農業の世界では至極当たり前のことだ。2020年現在の基幹的農業従事者（簡単に言えば、農業で生計を立てている人）の平均年齢は、67・8歳で、年齢構成を見ても65歳以上が全体の70・8％となっている。きわめて高齢化が進んでいる印象がある。一方で、我が国の農林漁業就業者人口は、1960（昭和35）年に1340万人で、全就業人口に占める割合は30・2％だった。これが、直近の2023（令和5）年には、それぞれ、199万人、2・9％にまで減少している。こういう年齢構成や人口動態を目の当たりにすると、「こんな年寄りばかりの産業に未来はない」、「こんなに就業者が縮小しては農業はやっていけない」、そういう声もよく聞かれる。

さて、果たしてそうだろうか。この間、日本の農地面積は608万ヘクタールから430万ヘクタールの減少（約3割の減）にとどまっている。また生産金額についても、1980年代以降現在まで約11兆円から9兆円程度とほぼ横ばいを維持している。このことは、何を意味しているのだろうか。

日本経済の高度成長の結果、農業就業人口は大きく減少したものの、この間農作業行程の機械化が大きく進展した。耕運機から始まった稲作農業の機械化は、その後、バインダー、田植え機、コンバインと進み、資本装備の高度化が進展した。土地改良事業の施工により定形大区画の農地が全国的に整備されたことも、機械化の進展を後押しした。これらの政策対応や農家の経営努力そして技術革新が相まって、大幅に人数を減らし、かつ高齢化した農業者が、食料の安定供給を担う現在の姿となったわけだ。

私も、現下の農業就業構造がこのままでいい、と言うつもりはない。新規学卒就農者を始め、より若い人材が農業に参入することが必要であり、そのための政策も必要だとは考える。ただ、だからと言って、この農業就業構造だから、もう農業に将来はないと悲観も卑下もする必要はないだろう。スマート農業推進法を成立させるなど、国もここ数年「スマート農業」をお題目のように唱え、鉦《かね》や太鼓で新技術の現場導入・実証を行おうとしているが、なにも、目新しいことではないのだ。スマート農業などという言葉が生まれるはるか昔から、ここ半世紀以上にわたって、化学肥料、農薬、そして農業機械の導入など、「スマート農業」が行われてきており、その結果、数は少なくとも、かつ、高齢農家でも、やっていける素晴らしい農業生産が実現しているわけだ。もう少し、胸を張って、前を向いてもよいのではないだろうか。

三　食料自給率はちっとも向上しない？

１９９９（平成11）年に食料・農業・農村基本法が制定され、食料自給率が法律に規定された。基本法では、食料自給率の向上を図ることを旨として基本計画の中で目標設定することが定められている。法制定当時40％だったカロリーベースの自給率は、その後も40％前後で推移し、直近の２０２３（令和５）年度では38％となっている。このような状況に対して、「先進国の中で最低の自給率」、「何兆円も農業予算を費やしているのに政策効果が上がっていない」といった批判が聞こえてくる。

食料自給率は、国民に供給されるカロリーのうちどれだけが国内生産により賄われているかを表すものだ。簡単に言えば、国内生産量と輸入量を加えたものから輸出を差し引いたものを分母とし、国内生産量を分子とした百分比で表される（在庫の増減がない場合）。

$$\frac{\text{国内生産}}{\text{国内生産}+\text{輸入}-\text{輸出}-\text{在庫の増加}（\text{又は}+\text{在庫の減少}）}$$

したがって、輸入が小さければ小さいほど自給率は高く算定されることとなる。我が国の場合、１９６５（昭和40）年の自給率は70％だったが、その後、食生活の多様化・欧風化が急速に進展した。一汁一菜であったかつての食生活の中心にあった米の消費量が激減する中で、中華料理、フレンチ、イタリアンといった料理が家庭にも外食にも広く浸透した。これらの外国料理には、我が国では ほ

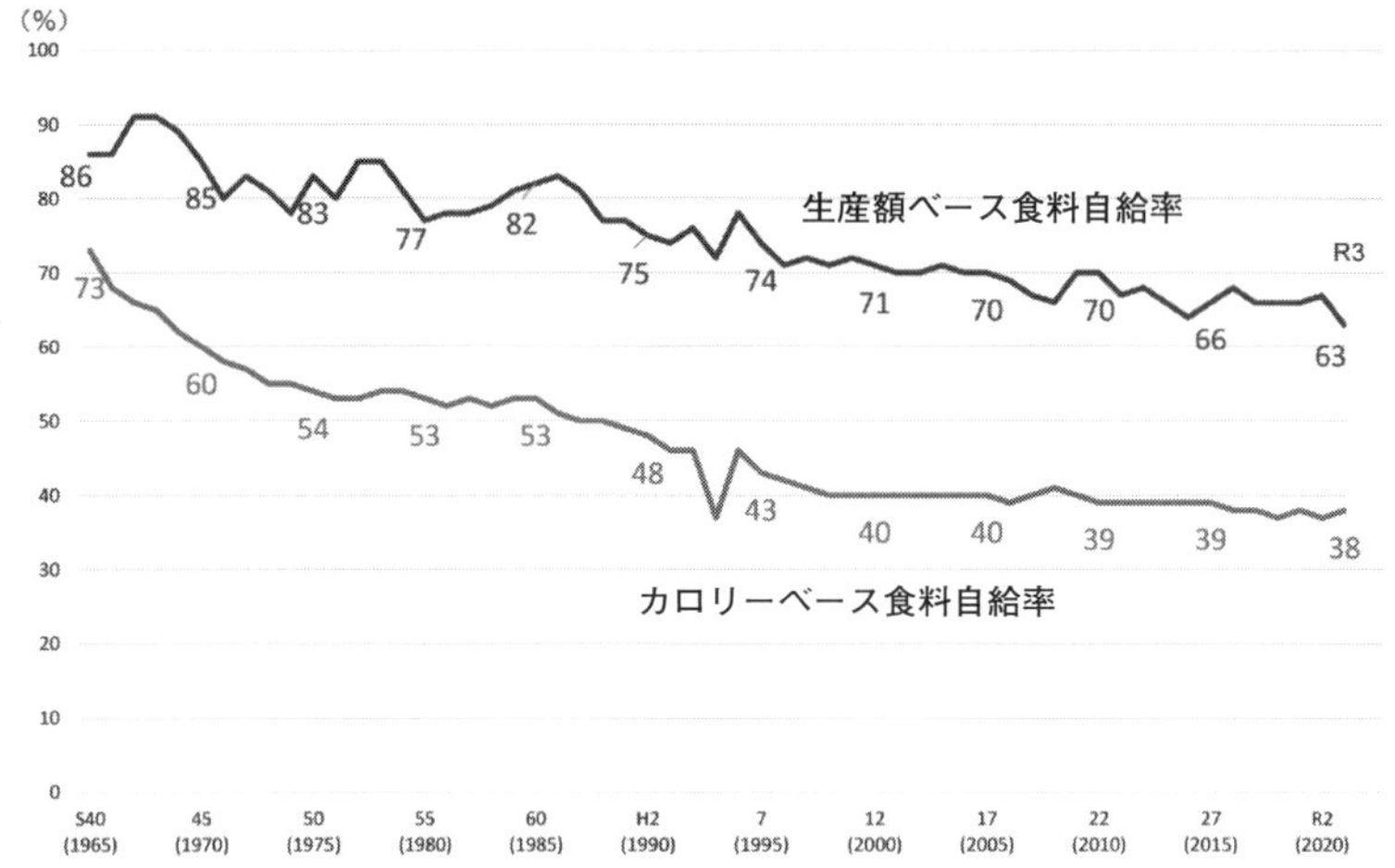

出典：農林水産省「食料需給表」を基に作成

とんど生産されていない油糧種子を原料とする油脂や、飼料の大宗を輸入に依存している畜産業から生産される食肉・乳製品等畜産物が大量に使われている。結果として、油糧種子や畜産用の飼料穀物が大量に輸入されることとなり、食料自給率は大きく減少することとなったわけだ。

では、自給率を向上させるにはどうすればよいだろうか。先ほどの算式を見ていただければ一目瞭然だ。分子の国内生産を増やせばよいわけで、それ故に、改正前の基本法においては、「自給率の向上を旨として」目標設定すれば、おのずと国内生産が上昇するはず、と考えられたのだろう。

ところが、そうは問屋が卸してくれないのだ。一生懸命に国内生産を増やしたとしても、その国産農産物を消費者に買ってもらえなければ、いくら生産しても多くは余剰となり、廃棄されてしまい、自給率には反映されないのだ。つまり計画経済でもない限り、消費者の嗜好に大きく左右されるようなこの指標は、政策で操作可能な政策目標たりうるのか、という問題を抱えているのだ。

また、単純な算式として考えた場合に、自給率を上昇させたければ、分母を小さくすればよいことに気づかれるだろう。分母を小さくすれば総体的に分子が大きくなり、自給率は向上する。例えば戦争等で外国からの輸入が途絶するような事態となれば、この算式の解は分母も分子も国内生産だけとなり、限りなく100％に近くなるのだ。第二次世界大戦直後の我が国やお隣の半島の北の国などは、おそらく自給率は高く算定されることになるだろう。はたして、その状態が幸福かどうかは全く別問題だが。

というわけで、そんな危なっかしい数値が、果たして、食料安全保障、食料の安定供給の指標たりうるのか、政策目標たりうるのか、という指摘は、相当以前からあった。今般の食料・農業・農村基本法の改正で、ようやく自給率目標一本足打法が改められることとなったのは、ひとまず歓迎したい。

四　輸出は役に立つのか?

ここ10年程、農水省は農産物・食品の輸出に力を入れている。2013年には当時4000億円ほどだった輸出金額を1兆円に伸ばす目標を設定した。その後農水省設置法を改正して本省に農林水産物・食品輸出本部や輸出促進審議官を設置するなど、輸出の拡大に努めてきている。そのかいあって、1兆円目標は2021年に達成され、今や2030年に向けて5兆円というかなりハードルの高い目標が設定されている。

現在１億２０００万人余の人口を有する我が国も、少子化の影響により既に人口減少社会に突入しており、２０５０年には現状より20%弱下回る１億１９０万人となる見込みだ。並行して高齢化も進展し、我が国の食料の市場規模は、人口減と高齢化のダブルパンチにより、縮小を余儀なくされてい

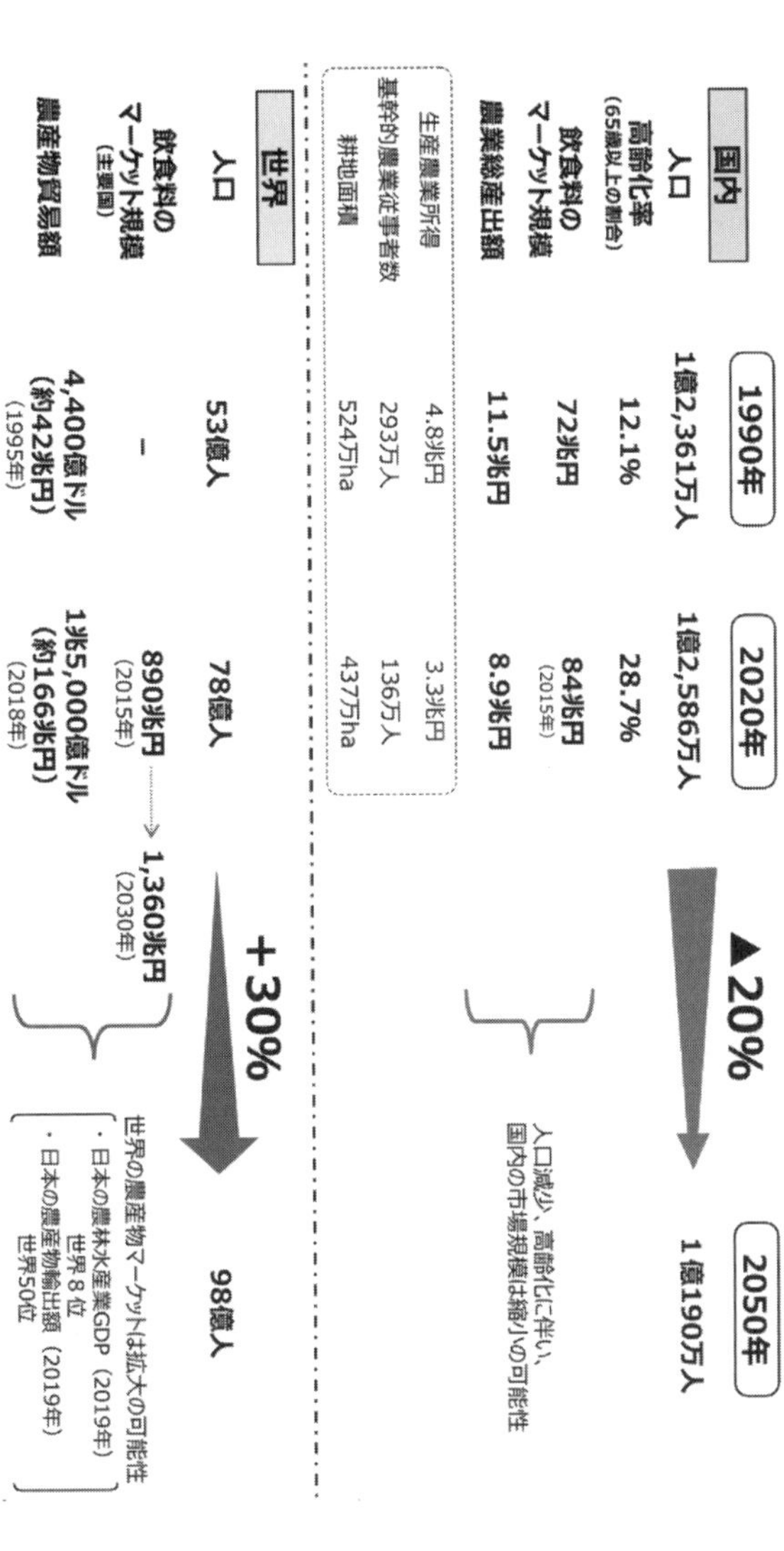

出典：農林水産省食料・農業・農村政策審議会配布資料（2022年9月29日）

る。このまま国内マーケットだけを考えて農業生産・食品製造を行っていけば、需要の減少が生産の縮小につながる負のスパイラルに陥ることは目に見えている。このため、海外に目を転ずることは、政策的には正しいことだ。

世界全体では、アフリカや東南・南アジア、南米など、人口増加は続いており、現状80億人の世界人口は２０５０年には１００億人に迫る勢いだ。成長する海外市場を我がものとできれば日本の食料・農業の将来も決して悲観すべきものではない。そんな考えからも輸出の促進が政策的に推進されている。

原料を輸入し、国内で良質な労働力により高い付加価値をつける製造業を発展させ、優れた製品を海外に輸出する、というのは、日本の製造業のお家芸だった。古くは玩具、トランジスタラジオやオートバイに始まり、繊維製品、自動車、鉄鋼、家庭電化製品、半導体、と輝かしい輸出産業の歴史を築いてきた。ただ、その製造業が力をつけ輸出産業となり、国際市場で圧倒的な競争力を持つに至ると、いわゆる貿易摩擦が発生し、輸出規制を余儀なくされることとなる。結果、その産業は、海外に進出し現地生産を始めることとなるのだ。

この歴史的な経緯を食品産業に当てはめてみれば、おのずと食品の輸出促進の限界も見えてくるのではなかろうか。まして、かつての輸出産業に比べて食品は、嵩《かさ》は張るが価格は安く、まるで空気を運ぶようなものだ。製品輸出の限界は、かつての「長大重工」型産業よりもすぐにやってきかねない。

加えて、食品の特性として、世界各国が食品輸入に当たって、健康、安全、表示などに関する独自規制を課していることも問題だ。宗教や食文化の壁もある。日本で製造した製品を輸出相手国の要求する表示規制に合致するように表示や包装などをファインチューニングして、輸出することはなかなかハードルが高い。

これらの理由により、食品については、製品輸出よりも、食品企業が海外に進出し現地生産を行い、現地の規制や宗教・食文化に合わせた製品製造を行う方がはるかに合理的かつ現実的と考えられる。多くの食品メーカーがかなり早い時期から海外展開を行っているのも、理にかなった行動と言えよう。

ようやく今般の基本法の改正において、輸出の促進に加えて、食品産業の海外展開が政策課題として位置づけられたが、このことは喜ばしい限りだ。名だたる国際的な飲食料品多国籍企業に負けないよう我が国食品メーカーが世界に進出し、ニッポンブランドを売りまくり、その収益が日本の国際収支の黒字に貢献する日が来ることを期待したい。

第二章　農業・農村政策の基本

国境措置と直接支払い――農業・農村支えるコスト

今回から「農政岡目《おかめ》八目《はちもく》」を担当させていただく。農業・農村の応援団として、時々の政策について当事者から見えにくいこと、言いにくいことを第三者の目で紹介し、皆さんと共に考えていきたい。

初回なので、少し書生論のような話をしたい。旧知の記者から尋ねられた「なぜ日本農業は長い間補助金漬けなのに、いつまでも課題山積なのか」という質問への答えを考えてみたい。

先の大戦で海外領土を失ったわが国は、山がちな島国で1億の民を飢えさせないよう食料生産を行ってきた。土地改良事業で農地を造成・整備しその農地を農地法や農振法などで開発から守ってきた。大切な農地の上では多くの家族経営が行われ、少しでも生産効率を上げ国際価格に近づけるべく生産対策や経営対策にも力が注がれてきた。しかし、新大陸の国々とは地理的条件が異なり、自由競争にさらされれば国内農業はひとたまりもない。

だから世界の多くの国と同様に、自国民の生存に関わる農産物については、輸入制限、関税割当、国家貿易など知恵を絞って国境措置を講じ、自国農業を守ってきたのだ。

ところが、1964年のIMF8条国移行（自国都合での外国為替管理の禁止）を契機に、わが国は農産物の国境措置をないがしろにし始めた。あたかも世界の一流国に仲間入りするための「みかじめ料」のようにケネディラウンドなど累次の関税交渉で国境措置を脆弱《ぜいじゃく》化させ、昭和が終わる頃には、農産物12品目や牛肉・オレンジの自由化という事態に立ち至った。農水省と与党農林族が一体となり最後のとりでとして守ってきた重要5品目も、環太平洋連携協定（TPP）やその後の日米、日・欧州連合（EU）交渉で関税削減や無税枠設定を強いられた。ウルグアイラウンド対策やTPP対策など講じられた国内対策も、国境措置の劣化には見合っていない。

経済学的には自明だが、国内農業の存続のためには、個々の経営体の責めに帰せない輸出国との間の圧倒的な競争条件格差を是正するための合理的な国境措置が不可欠だ。それは、自国民が関税という消費者負担により、多面的機能を有する国内農業・農村を支える仕組みと言い換えてもよい。国境措置を緩めるのなら、輸入農産物の流入により国内価格は低下するので、国内農業の継続のためにはその価格と生産費との差額の全部または一部を直接支払いという納税者負担で支える仕組みが別途必要になる。

消費者負担か納税者負担かは別にしても、何らかの支援なしには日本農業は立ち行かない。どちらの道もお金のかかる話であり、「国境措置はなくす、でも農林予算は減額する」という財政至上主義には道理がない。生産性向上のための産業政策も否定はしないが、圧倒的な内外競争条件格差に目をつぶり「農業を特別扱いしないのが最良の処方箋だ」などとうそぶいても、問題は解決しない。

12年前、時の政権が農業者戸別所得補償を言い出した時には、ついに納税者負担の道を選択したかと淡い期待も抱いたが、現実は農林予算の中での帳尻合わせに終わった。コロナ禍でマスクやワクチンなど輸入依存のもろさを痛感した今こそ、そしてTPPや日米貿易協定で重要品目の関税水準が致命的に下がってしまう前に、国境措置と直接支払いを真剣に考えなければならない。

冒頭の記者への答えは、「『補助金漬け』ではなく、『農業・農村を支える社会的コスト』だ」ということだ。

（日本農業新聞「農政岡目八目」２０２１年6月16日。以下、日本農業新聞と略記）

日本農業新聞でコラムを書き始めるに当たっての初回のものであり、読者に農政をめぐる構図を理解してもらうべく書いたものだ。「補助金漬け」、「TPP」など農政のキーワードを使って、我が国農業の立ち位置とこれを維持するための関税や直接支払いなどの必要性を説いた。４年たった今も本コラムの構図に変化はない。ようやく基本法改正が実現し、今般策定された基本計画の中で、水田政策の見直し方向も打ち出された。農政当局の引き続きの尽力に期待したい。

「食糧政策」と「食料政策」――バランスのとれた組織と予算を

今から20年前、橋本行革の目玉だった中央省庁再編が実現した。厚生省と労働省が統合し厚生労働省となり、建設省と運輸省、国土庁、北海道開発庁などが統合し国土交通省ができた。郵政省と自治省、総務庁（これもその16年前に総理府と行政管理庁が統合したものだ）などが統合して誕生した総務省については、一体どんな目的と親和性があって一つの省になったのか危ぶむ声も多かった。通商産業省から経済産業省、大蔵省から財務省と、表札だけ替えたかのような例もあった。

環境庁との統合を目論んだ農林水産省は結局単独省として残ることとなるのだが、せめて名称くらいは変更してもよかろうと、「環境」がだめなら「食料」を冠せないかという議論があった。だが、「食料」ではなく「食糧」だ」といった横やりもあり、最後は、法務省や外務省などと同様、名称変更はなかった。

字義を調べてみると、「食料」とは「食べ物とするもの。食料品」であり、一方「食糧」とは「食用とする糧《かて》。主として主食物を言う」とある。前者は飲食料品全般がイメージされるのに対して、後者は米・麦・大豆といった重量系の穀物が想像される。当時は農水省の外局として食糧庁が存在しており、食糧・農林水産省では屋上屋を架す感もあり、また「省」の字を除いて漢字6文字の役所名というのも例がない。名乗るなら「食料・農林省」か「食料・農水省」だろうが、このどちらの案も林野庁と水産庁が黙っているはずもない。そんなこんなで、農林水産省のまま今日に至っている。

今月、農水省で大きな組織改革が行われた。中央省庁再編で部に格下げされていた畜産部が再び畜産局へ復活するとともに、輸出・国際局を新設するというものだ。内閣の重要政策目標である農林水産物輸出5兆円の実現に向け、最右翼品目である食肉・乳製品の増産のための畜産振興というもっともな理屈があっての両局の設置だろうが、その裏で食料産業局が分割されている。食料産業を所管する行政組織が「新事業・食品産業部」へと格下げされた感が否めない。

最近あまり聞かれなくなったが、かつて「農林水産業と食品産業は車の両輪」と言われていた。農林水産物を原料に付加価値を付けて高品質な食料品を製造する食品産業にとって、国内農林水産業は重要な原料供給者であり、国内農林水産業にとって、食品産業は大事なお客さまのはずだ。その意味でこの「両輪」論に全く異論はないのだが、車輪の大きさやその操縦支援装置に偏りはないだろうか。

わが国の食料・農林水産業の国内生産額は約100兆円である。その約1割の12兆円が一次産業である農林水産業の生産額であるのに対し、残りの約9割は、食品製造・流通・販売・外食などの広義の食料産業が占めている。また推計方法にもよるが、農林水産物の輸出金額9000億円余のうち、いわゆる加工飲食料品が4000億円余を占めている。

米の生産調整や水田フル活用、麦・大豆の経営所得安定対策など、食糧政策分野には手厚い予算や重層的な制度が手当てされている。食糧政策を所掌する旧政策統括官組織の予算額が約5000億円なのに対し、旧食料産業局の予算額は100億円余と、まさに「桁違い」だ。もちろん予算額の単純な比較に意味はないが、行政組織の在り方にしろ、政策支援の規模にしろ、「車の両輪」を唱えるのであれば再考に値しよう。

「食糧政策」も「食料政策」も、ともに目指すべきは国民に安全・安心・高品質な食料を合理的な価格で安定供給することにあるのだから、この原点に立ち返り、予算・税制・融資・法制度そして行政組織の合理的な運用を期待したい。

（時事通信社発行「Agrio」362号　2021年7月20日。以下、Agrioと略記）

車の両輪たる農業と食品産業をめぐる行政組織や予算額などについての跛行《はこう》性を記したものだが、基本的な構図は今も変わらない。今回の基本法改正で、農業と食品産業を含めた農業―食品製造―食品流通―消費者までの一連の有機体が「食料システム」として明確化され位置づけられたことは大いなる前進だ。名称・定義だけではなく、関係者の認識や行政の対応・支援策の改革も必要だ。

人・農地関連2法が成立――現実的な政策判断を評価

5月20日、人・農地関連2法が可決成立した。会期末まで1カ月を残して農水省提出法案全てが成立したことは、近年珍しい。通例だと、会期末まで農水委員会の定例日をやりくりしながら全法案の審議日程を押し込むのが国会担当官の腕の見せどころなのだ。誰も反対しない法案ばかりだったのか(もちろん、そんなはずはない)、閉幕後の参議院選挙を念頭に法案の早期成立に向けて関係者の努力が奏功したのかは分からないが、食料・農業・農村政策の推進に欠かせない全法案が成立したことは喜ばしい限りだ。

提出法案の最後を飾った2法案は、今般の6法案のうちで最も長い時間審議された。法案審議は通例、所管委員会で1コマ(午前または午後の3時間程度)ないし1日(午前および午後合計5時間程度)で上がるのが一般的だが、この2法案は、衆・参農水委員会でそれぞれ、参考人質疑も含めて3日ずつ審議が行われるなど熟議が行われた。人と農地に関わる大事な法案である以上、立場は違っても真剣な国会審議が行われたことは意義深い。

ここ数次の食料・農業・農村基本計画にもうたわれている通り、農業の成長産業化と農村の活性化を整合的に進めていくためには、「産業政策」と「地域政策」を車の両輪として推進することが大切だ。その意味で、今回の2法案については、担い手への農地の集積・集約化を進め生産性の高い農業構造を構築しようとする基盤強化促進法の一部改正（産業政策）と当該構造政策の進展に対応して農地の保全管理や農村集落の維持発展を進め、その主体となる農村型地域運営組織（農村ＲＭＯ）などの取り組みを推進する農山漁村活性化法の一部改正（地域政策）とが、同時に行われたことを高く評価したい。

かつて、２００５年基本計画の看板政策であった「品目横断的経営安定対策」の導入の際には、一定規模以上（都府県で4ヘクタールなど）層の担い手の明確化や法人化の推進と当該担い手への施策の重点化という産業政策的視点が、「弱者切り捨て」「選別政策」との批判を受けた。その翌年に、地域政策推進のため農山漁村活性化法案を後追い提出したのだが、結局「4ヘクタール問題」は後々まで尾を引くこととなった。

２０１３年には農政改革のはしりとして、産業政策に注力するあまり、農村の実態や農業者の農地に対する思いを無視して、無機質の「中間管理」を行う公的団体による権利調整を制度化した。結果どんなことになったかは、この10年を振り返れば明らかだ。農地政策にしろ農村政策にしろ、いずれか一方の理念型の政策で十全な効果を上げることは難しい。

幸い、今般の人・農地関連2法では、中間管理機構を活用しつつも、先述した通り地域政策との車の両輪の視点が盛り込まれていることに加えて、規制改革会議主導で当時無理やり盛り込まれた「受け手の公募」という手間ばかりかかって実効が伴わない手続きも廃止された。中小家族経営や半農半Xを農地の受け手と認め、農地取得の下限面積要件も撤廃するなど、農業・農村現場における人手不足や担い手の減少・高齢化に対応した現実的な政策判断が行われている。

「地域計画の義務化には反対」などの声も聞こえるが、そんな訳の分からないことを言う首長には早々に退場してもらい、国、地方行政、農業者、関係団体が一丸となって、10年後のわが集落の計画図を早急に描いてもらいたい。食料安全保障の基盤はまさに「人」と「農地」なのだから。

（日本農業新聞　２０２２年６月１日）

食料安保の基盤は何と言っても人（担い手）と農地だ。両者を維持確保するための法制度は重要である。先般の基本法改正とともに整備された農業振興地域の整備等に関する法律でも、食料安全保障上必要な農地を守るための国の関与が強化されたのは、ある意味当然である。地方分権よりも国民への食料の安定供給が重要なのは言うまでもない。

農業・農村の未来のための仲間づくりを――後ろから鉄砲を打たれないように

先日、ある県の土地改良大会に出席した。基調講演を依頼され1時間ほど話してきたのだが、時間的な余裕もあったので、大会冒頭から会議の模様を眺めることができた。全国に４０００ほどある土地改良区は、都道府県ごとに土地改良事業団体連合会という県レベルの組織を構成し、その上には全国土地改良事業団体連合会（全土連）という全国組織を構える一大系統組織である。擁する組合員数は農協系統に次いで多く、わが国最大級の農業団体の一つである。

農業・農村整備事業という公共事業の実働部隊として、農地の大区画化や汎用化などの農地整備事業などにより農業経営の効率化を図るとともに、農業水利施設の整備やため池の防災・減災対策などを通じて地域集落の安全・安心な暮らしを守っている。農政における産業政策と地域政策の重要な担い手が、土地改良区である。組合員数は３００万人、毎年の農業・農村整備事業予算額が当初・補正予算合わせて６０００億円を超える巨大な勢力であることから、土地改良大会には多くの国会議員が顔を出してあいさつするのが通例である。今回筆者が出席した県の大会にも、与野党から衆・参の別なく10人の国会議員が参列し祝辞を述べていた。

少し古い話になるが、土地改良区や農業・農村整備事業と聞いて思い出すのは、２００９年から3年3カ月続いた民主党政権で「コンクリートから人へ」とのキャッチフレーズの下で進められた予算の大幅削減だろう。時の政権の目玉政策であった農業者戸別所得補償制度に要する予算を捻出するためとはいえ、５７７２億円だった農業・農村整備事業予算をバッサリと２１２９億円まで縮減したのだ。この政権は八ツ場ダムや川辺川ダムなど巨大な公共工事を定見なく停止し、結果として今に引きずる混乱をもたらしたのだが、対前年度予算で63％減という強烈な減額は、道路、河川、港湾など各種公共事業の中でも農業・農村整備事業だけだった。

時の政権与党幹事長と全土連の会長の間のあつれきなど政治向きの話も相まってのことだが、農業者や農村集落に暮らす関係者にすれば、たまったものではない。既に事業化に向けた調査を終えていた事業の着工が見送られたり、既往の事業の進捗も大幅に遅れたりするなど、大きな影響があった。２０１２年の再度の政権交代で自公政権に戻ってからは、概算要求基準（シーリング）に頭を押さえられる当初予算に加えて、ＴＰＰ総合対策などの補正予算も活用し、何とか削減前の水準まで予算額を回復してきている。

そんな経緯を農水省職員として実体験してきた筆者からすると、現在の与党議員はともかく、当時農業・農村整備予算の大幅削減にくみした党派の系列の議員たちはこの土地改良大会でどんなあいさつをするものか、興味津々で耳を傾けていた。結局、参列していた野党議員はたまたま全員が民主党政権当時に国会議員ではなかったようで、何の恥じらいもなく皆がそろって農業・農村整備事業の重要性を開陳したのには、いささか驚かされた。よもや、農業者戸別所得補償制度を農政の一丁目一番地の公約として実現した２００９年の政権交代で、土地改良系統組織が筆舌に尽くしがたいダメージを受けたことを忘れたわけではないだろう。

二度とあんな事態を招かないように、そして、わが国の農業・農村の明るい未来を切り開くために、農業・農村整備事業に対する国民の理解を広げ、深めていくことが求められている。過去を忘れずに、真に困ったときの本物の仲間づくりを行うことが大切だ。

（Agrio ４１９号　２０２２年9月21日）

土地改良系統組織に限らず、自らの存在意義を主張し仲間作りを行うことは、組織を維持発展

させる上で欠かせない活動だ。２０１５年の農協改革がそうであったように、真の仲間作りに失敗すると、昨日まで味方だと信じていた仲間が後ろから鉄砲を打ってきかねない。あらゆる人間の活動に共通することだが、忘れてはならないことだ。

持続可能な畜産業に向けて――新技術と新資源の活用を

先日鹿児島県で開催された全国和牛能力共進会（鹿児島全共）に足を運んだ。新型コロナウイルスの第7波も収まりつつある中で、41道府県が参加するという大規模な開催となった。結果は本紙既報の通りだが、最高位の内閣総理大臣賞には、種牛の部で鹿児島が、肉牛の部で宮崎が、それぞれ選出され、全8区における最高位を九州勢が獲得するなど、改めてわが国の畜産基地である南九州の底力を見せつけられた。

今回の全共は、連日入場制限が行われるほどの大盛況であり、最終日には岸田文雄首相も来場するなど、大いに盛り上がった。これだけ多くの入場者を集めた要因の一つには、審査会場に隣接した協賛企業・団体・行政の各ブースで、さまざまなイベントが繰り広げられたことが挙げられる。

最大の協賛団体たる中央畜産会やＪＡ全農のブースを中心に、数多くのテントが軒を連ねる中で、ひときわ人気を誇ったのは、やはり趣向を凝らした試食コーナーだ。最後尾の観客まで試食品はもつのかと心配になるほどの長蛇の列だった。ご当地の牛肉や特産品の試食・直売などを通じて、畜産関係者はもとより、朝早くからシャトルバスを乗り継いでやってきた消費者、特にお子さんたちには、おいしい農畜産物を味わいながらこの国の畜産や農業に触れる絶好の機会となったろう。

ところで、昨年〔2021年〕の「みどりの食料システム戦略」の策定や引き続く輸入原材料・飼料価格の高騰を反映した中での全共だったこともあり、今回の出展ブースでは、特にSDGs（持続可能な開発目標）関連やみどり関連技術が目を引いた。新型コロナやウクライナ侵攻などによる世界的な物流システムの脆弱《ぜいじゃく》性の顕在化が、関係者の危機感を高めている。従来型の輸入穀物由来の配合飼料や輸入粗飼料に依存した畜産の限界感を、多くの関係者は薄々感じているのだろう。

そんな中で、わが国を代表する巨大製紙企業のブースで目にした代替飼料新製品は特に興味深かった。木材から紙を作るための物理的・化学的処理技術を応用して、畜産用飼料を開発・提供しようという試みだ。

もちろん、営利企業である以上、本業の新聞や書籍といった紙需要の減退という厳しい経営環境の中で、企業存続のための新規事業の開拓ということだろうが、わが国に豊富に賦存し、ほぼ無限に再生産可能な資源である木材から、畜産・酪農向けの飼料生産を行うことは、SDGsの観点からも飼料自給率向上の観点からも画期的なことだ。

年間1000万トンも輸入されるトウモロコシと比べてもTDN（可消化養分総量）に遜色はなく、繊維質も豊富で粗飼料と同様、牛の胃袋にも優しいと聞けば、夢のような話だ。畜産農家でのハンドリングもしやすいロールベール形状でも、荷姿を圧縮したパレット形状でも、どちらでも配送可能という農家目線にも立っている。他用途利用という点で、同じくわが国に豊富に存在する米を用いた飼料用米や稲発酵粗飼料（ホールクロップサイレージ＝ＷＣＳ）用稲とも通じるコンセプトだ。
資源小国であるわが国にも、米や森林など安定的に再生産可能な資源が存在している。従来、価格面や技術上の課題などで折り合いがつかず、有効活用されてこなかったが、国際社会のリスクが高まる中、国産資源の重要性は増している。コストは増嵩《ぞうすう》するが、今こそ国産資源を活用して持続可能な畜産業を確立することが必要だ。消費者にもこれらの環境変化を理解していただき、今後もおいしい和牛を食べ続けられるよう、少しばかりの費用負担（価格転嫁）をお願いしたい。

（日本農業新聞　２０２２年10月19日）

農業版「異次元の少子化対策」――多様な担い手への理解を

先月〔２０２３年３月〕末、異次元の少子化対策のたたき台が発表され、今月７日には、首相を議長とする「こども未来戦略会議」が設置・開催された。６月の骨太の方針までに検討が重ねられ、「将来的なこども予算倍増に向けた大枠を提示する」こととされている。筆者は１９５９年生まれだが、その年の出生数は１６２万人だった。60年後の２０１９年には86万人となり、昨年はついに80万人を割り込んだ。このままでは大変なことになるという危機感が、異次元の少子化対策につながったのだろう。対策の中身には毀誉褒貶《きよほうへん》あるようだが、事態がそこまで深刻だということに異論はなさそうだ。

一方で、われらが食料・農業・農村基本法の検証作業は順調に進展しているだろうか。昨年〔2022年〕10月の基本法検証部会設置以降2週間に1度というハイペースで審議が進められている。3月からは、各論の議論が行われており、異次元の少子化対策と同様、6月の骨太の方針などへの反映を目指して、近々「中間とりまとめ」が予定されている。

農業の世界も「少子化対策」は待ったなしだ。不足しているのが「こども」ではなく「担い手」の違いはあるのだが、異次元の対策が求められていることに変わりはない。審議会に役所が提出した資料を読み込むと、担い手に関しては、この20年間の基幹的農業従事者数の推移（この20年でほぼ半減）や現在の年齢構成（平均年齢67歳、最多層70代）から見て、20年後には『現在よりも　相当少ない農業経営で国内の食料供給を担う必要が生じてくる』（2023年3月27日基本法検証部会配布資料2より抜粋。以下『　』は同資料）そうだ。

だが、『家族経営に多くみられる個人経営は、家計と経営が分離されていないケースが多く、特に経営承継の観点から持続性に課題』があるとの記述は、家族経営に冷たい。逆に、『個人の農業経営体が減少する中、比較的規模拡大を進めやすい法人経営体について、離農する経営の農地の受け皿としての役割はより大きくなっていく』との認識で、『現行基本法は雇用労働力に関する施策については規定していない。今後、農業分野で必要な雇用労働力の継続的な確保が課題となる中、食料安全保障の観点からも、農業の雇用労働力に関する施策が重要』といった記述には、担い手政策における法人優先、なかんずく、雇用労働力を主体とした大規模法人への熱い期待が感じられる。

法人経営をはなから否定するつもりはないが、「午前8時から午後5時まで」の雇用労働者に家族経営のような地域への帰属意識や集落機能の保全意識が期待できるだろうか。14万ある農村集落に1集落当たり二つか三つの大規模法人経営体しか存在しないような生産構造を想定して、さらなる規模拡大やスマート農業化をうたわれても、生産現場の共感は得られまい。求められるのは、大規模法人経営の支援ではなく、異次元の担い手対策による多様な数多くの担い手の育成ではないか。

冒頭に紹介した異次元の少子化対策のたたき台に記述されている三つの「基本理念」を紹介したい。そのまま担い手対策にも通じるものだ。

一つ目が「若い世代の所得を増やす」だ。担い手の所得を増やし新規就農したいと思わせるような所得政策が不可欠だ。二つ目が「社会全体の構造・意識を変える」だ。食べ物はいつでも手に入ると思っている平和ボケの意識を変えることこそ重要だ。三つ目が「すべての子育て世帯を切れ目なく支援する」だ。家族経営はダメ、個人経営はダメと選別せず、個人も法人も、大規模も中小家族経営も支援してほしい。しかも「切れ目なく」だ。

もちろん、これらの政策はタダではない。一定の財政支出は必要だ。昨年末の防衛予算の増額や今般の少子化対策に勝るとも劣らない食料安全保障のため、国民の理解を得るよう努力すべきだ。

（日本農業新聞　2023年4月19日）

2022年に80万人を割り込んだ出生数は、その2年後ついに70万人を割ることとなった。これだけの異次元の少子化対策を講じてもなおこの状況ということは、我らが農業の担い手確保にはもっととんでもない対策が不可欠なのだろう。本コラム末尾に紹介した3つの基本理念の継続実施が必要だ。

まちおこしサミットで考える——地域政策・産業政策に資する直接支払い

先日、福島県西会津町で開催された「創《い》き生《い》きまちおこしサミット2023西会津大会」に参加した。地方創生に汗を流す市町村長有志から構成される地方創生市町村協議会の主催で、毎年開催されてきたイベントだ。第1回千葉県いすみ市、第2回佐賀県鹿島市、第3回新潟県弥彦村に続き、今回5年ぶりの開催となった。コロナ禍の影響などでここ数年開催が見合わされてきたのだが、その鬱憤《うっぷん》を晴らすかのような大盛会となった。

主催地の西会津町長の他、岩手県軽米町長、岐阜県白川村長、島根県海士町長の4人の町村長が参加し、各自治体の地方創生への取り組み紹介に加えて、内閣府地方創生推進事務局の参事官を交えたパネルディスカッションも行われた。筆者も5年前に農水省農村振興局長を務めた縁もあり、本大会に招待され、講演を行うとともにパネルディスカッションのコーディネーターも務めた。

地方創生がうたわれてから10年になるが1960年代後半からの高度経済成長を契機に日本経済が飛躍的発展を遂げる中で、成長・発展する明るい都市と停滞から衰退への危険をはらむ影なる地方という二極分化は、この国の政策課題であり続けてきた。旧過疎地域振興法、山村振興法、離島振興法など各種地域振興立法が制定され、農地法の特例や税制・金融支援策が講じられるなど、これまでも取り組まれてきた課題だが、今なお「解決済み」ではない永遠の課題だ。

今回事例紹介を行った町村長は斯界《しかい》では著名な首長ばかりであり、各人の行政経験や課題解決に向けたアイデアが盛りだくさんに紹介された。感じたことは、施策の手法はさまざまだが、究極の目的は、そこに居住する住民の幸せをいかに実現するかということだろう。地域に賦存する資源を活用し所得を生み出す再生可能エネルギーへの投資、高齢化の中健康寿命の確保のための医療・健康支援、域外との交流推進による移住・定住促進、若い家族の定着のための出産支援、教育無償化、学校給食の地産地消など、多様な施策が講じられている。

今回参加した自治体以外にも、地方に所在する多くの自治体では、都会よりも先進的でユニークかつ手厚い政策支援が行われている。にもかかわらず、これほど支援策が充実している地方所在の自治体に、家賃など生活費が高く自然環境も比較的劣位な都市住民が、なぜ、移住・定住の決断をしないのだろうか。

今回のサミットでも紹介された内閣府の「新型コロナ禍における生活意識・行動変化に関する調査」によれば、「地方移住に当たっての懸念」として調査対象の過半数が「仕事や収入」が不安だと答えており、「人間関係やコミュニティ」「買物や公共交通機関」など他の懸念要因と比べても、倍半分という圧倒的なウエートを占めている。逆説的に言えば、そこに答えはあるわけで、最も有効な移住・定住支援策は、「仕事や収入」の不安をなくすことだ。安定的で持続可能な仕事がそこに存在し、得られる収入に不満がなければ、その他の支援策が充実している地方への移住・定住へのためらいはなくなるだろう。

地域の主要産業は、何といっても農業だ。移住・定住を促進し地方創生を実現するための地域政策の切り札が、農業を魅力ある産業にするという産業政策だ、というのは、「産業政策と地域政策は車の両輪」という農水省のかねての主張を裏付けたと言えなくもない。もっとも、国内農産物市場の需給調整のために減反・減産を行い価格の下落を防ぎ農家所得を確保するという、従来型の産業政策では限界がある。ここは、地域政策にも大いに貢献する産業政策として、「直接支払い」を真剣に考える時期ではないだろうか。

（日本農業新聞　2023年7月19日）

部分最適から全体最適へ——暮らしが成り立つ農業を

昨年〔2022年〕から出身地の土地改良区の員外監事を仰せつかっている。2018年の土地改良法の改正で員外監事の設置が義務化されたが、適任者不足でなかなか導入が進んでいないようだ。かくいう筆者も、適任かどうかはともかく、法改正当時の農水省担当局長でもあったので、旧知の理事長からの依頼を受けることとした。普段東京に住んでおり理事会への陪席もなかなかかなわないので、中間監査、決算監査、総代会には出席し、員外監事として組合員の負託に応えたいと考えている。

今次、中間監査も無事終了したのだが、会議の前後や昼休みなどに、生産現場で日々苦労している理事・監事・農業委員など関係者と意見交換する機会に恵まれた。

「今年の夏は例年にない猛暑で、転作大豆は壊滅的被害を受けた。適期に水まきすれば良かったが、水利権の関係で貴重な用水は転作大豆までは回らない。刈り取り作業をするだけ燃料代の無駄なのだが、捨て作りと見なされて政策支援を打ち切られては困るので、複雑な思いで収穫作業を行った。その転作田についても、農水省肝いりの畑地化事業に手を挙げた。交付要件もあるので今後5年間は何とか継続せざるを得ないが、果たして支援がなくなった後で引き続き農作業を続けられるだろうか。おそらく耕作放棄地になってしまうだろう」。以上は、役員の一人から聞いた話だ。

農業委員からは、こんな話を聞いた。「太陽光パネル設置のための農地転用案件が毎日のように上がってくる。農振農用地区域や営農型太陽光発電については規制強化の方向らしいが、その他農地については脱炭素の流れもあり、雨後のたけのこ状態だ。減価償却期間終了後の産業廃棄物処理コストのことは誰も何も考えずに導入が進められている。一方で、40万ヘクタールにも及ぶ耕作放棄地を減らすという政策的要請があるのだろうが、農地利用が見込めない荒廃農地について、林地化など非農地証明を行う必要があり、こちらの現地確認や事務処理も大変な作業だ」

現場の切実な声に接したのだが、「畑地化」も「農地転用」も「非農地証明」も、それぞれの行政部局が、自らの所掌事務の範囲で、合理的・効果的な政策対応を行おうとして導入された施策だ。市町村や土地改良区はそれらの施策を誠実に実施するべく現場で汗をかいているのだが、農政全体として見ると、何ともちぐはぐな感じが否めない。部分最適が全体最適につながっていないのだ。財政当局からのプレッシャーもあり、転作推進の補助金の縮減に向けて畑地化を進めざるを得ないが、結果として将来の耕作放棄地を増やしかねず、増加した耕作放棄地の非農地証明のために農業委員会が事務処理に追われる、そんな悪循環に陥らないか心配だ。

農業・農村政策の根本に横たわる問題は、市場経済原則の下で、農業が通常の経済行為としては成り立ち難くなってきているということだ。農業者が営農継続することで生活でき、後継者や新規参入者がその経営を承継したいと思えるような当たり前の状態に持って行くことが必要だ。

部分最適の施策のパッチワークではなく、食料安全保障のための大きな政策の方向性を示し、防衛費や少子化対策のように必要な財源を確保するべきだ。市場経済の権化のような巨大企業が多数出資する半導体工場に、桁違いの国費が投入されている。納税者が半導体政策の失敗のツケを払わされているのだが、その半分でもいいから、国土や水源・景観を守り国民の生命の基である食料を生産する産業に回してほしい。

（日本農業新聞　２０２３年12月20日）

各々の公務員は皆まじめに仕事をしている。市町村行政の職員は、国や県からの指導もあり自由度は高くないが、所掌分野については現場の声を聞いて丁寧に仕事をしている。残念なのは、行政組織というものは所掌分野ごとに組織や担当者が区分されており、市町村職員ばかりでなく、県、国の職員も基本的には縦割りだ。そこを総合調整するのが首長であり内閣なのだが、その中核にあるのは政治家だ。森友・加計・統一教会・桜を見る会などを目の当たりにすれば、中央政治の中枢の正義に疑問がわくし、兵庫県知事をめぐる百条委員会やその後の再選挙を見れば、民度も問われようというものだ。

農業・食品産業のグリーン化――ルール形成への関与必要

昨年（2023年）末に公表された「食料・農業・農村政策の新たな展開方向に基づく施策の全体像」の4本柱の一つに、「農林水産業のグリーン化」が掲げられている。「グリーン化」と言えば、3年前に策定された「みどりの食料システム戦略」が想起される。当時、この戦略には、いろいろな立場からの議論があった。特に、農業者は、「多面的機能」を有し社会経済にとって金銭では測れない恵沢をもたらす産業であると長年信じてきたわれらが農業・農村が、一転して、温室効果ガス排出原因者であると指弾されたわけで、その驚きは大きかったろう。連作障害なく持続可能な耕種である水田農業や牛と共に自然と暮らす畜産・酪農業が、CO2の30倍近くも温室効果があるメタンの最大排出者だと言われても、ピンとこなかったのでなかろうか。

ことは温室効果ガスにとどまらない。SDGs（持続可能な開発目標）やESG（環境・社会・企業統治）投資ぐらいなら何とか理解した気にはなるものの、TCFD（気候関連財務情報開示タスクフォース）やTNFD（自然関連財務情報開示タスクフォース）などアルファベットの行列には、お手上げだ。CO2・メタンの削減に加えて、生物多様性の保全、児童労働の禁止、人権デューデリジェンスなどなど、さてどこから手を付けてよいものやら。

一見するとかつてのCSR（企業の社会的責任）のように、「多多ますます弁ず」で、余裕のある企業が取り組めばよいのだろうと思われがちだ。食品衛生法や労働基準法などの強行規定ではない点も厄介だ。法令上の義務ではないからやらなくてもよかろう、と高をくくっていると、意識の高い消費者からとんだしっぺ返しを受けることとなる。自社製品が忌避されるだけではなく、そういう消費者の意向を踏まえて事業活動している他の事業者の取引からも排除され、金融機関の融資も受けられなくなるという。だからといって、やったふりをして何とかやり過ごそうとしていると、今度は「Green Wash（グリーンウォッシュ）」なる別な横文字が登場し、社会から総スカンになりかねない。

というわけで、農水省も、みどり戦略策定以降、脱炭素、ＣＦＰ（カーボンフットプリント）、人権尊重のための取り組みなどもろもろのグリーン化に関連する社会課題について、農業・食品産業が乗り遅れないように注力してくれている。農産物については、２０２２年度から実証事業という形で、脱炭素の状況を星の数で表す「見える化」が進められており、取り組む事業者も増えているそうだ。

食品産業に関しても、大企業については株主・投資家の目もあり対応せざるを得ないし、個別企業でも対応可能だが、中小・零細事業者にはハードルが高い。このため、農業分野同様、農水省から、サステナブル経営のためのガイドラインや人権尊重の取り組みのための手引きなどが提示されている。

この手の話は欧州連合（ＥＵ）など海外勢が主導してルールが決められ、われわれはそのルールに後から従わざるを得ない、というのが通例だ。身の丈に合わないお仕着せの制服を着せられるから、着心地が悪いので、日本には日本流のグリーン化があってもよいはずだ。そう思っていたところ、先般、農水省主催の「食品産業の持続的な発展に向けた検討会」で、「国としての対処方針を示し、国がイニシアチブをとって、ルール形成に積極的に関与する」との表明が役所から行われた。久しぶりに「わが意を得たり」であり、国には大いに頑張ってほしいものだが、その際には、怪しいコンサルの横文字に踊らされることなく、農業者や食品企業など、ルールに従うこととなる関係者の意向を十分反映したものとしてほしい。

（日本農業新聞　２０２４年2月21日）

ルールメーキングへの参加は、極めて重要だ。かつて国際スポーツ界では、スキージャンプや水泳など、日本選手が強くなり好成績を収めるようになると、いつのまにか国際ルールが変更されるという珍事が横行していた。それと同様のことが食品の世界でもありがちだ。添加物や容器包装、一括表示などのルールが我が国の知らないところで決められ、彼の国々に食品輸出を行おうとすると、大きな障害になっている。ＣＯＤＥＸなどの制度化された分野でもそうなのだから、各国の規制当局ごとに好き放題やられる個別ルールの下では、国際商品流通など夢のまた夢だ。我が国の食生活や食文化、食習慣に違和感のないルールが確立されるよう、ルールメーキングに積極的に参加してほしい。

今こそ「大人の食育」を――栄養も、健康も、農業も

「大人の社会科見学」がブームらしい。小中学生たちの社会科見学授業になぞらえて、大人が自分の職業や暮らしとは関係のない現場を訪れ、そこで行われている活動を体験することを「大人の社会科見学」というのだそうだ。毎日毎日、「見学」ではなく「実労働」に汗している大人たちにしてみ

れば、「何を能天気なことを」と思わないでもないが、よく考えれば、大人たちも自分が働いている社会現場以外の実態がどうなっているのかは存外知らないことが多い。

「食料安全保障」などと大上段に構えるつもりはないのだが、日々の暮らしに欠かせない食料がどこでどのように生産されているのか、どのような生産資材や原材料がどういうプロセスで調達され投入されているのか、それらの食料をバランスよく適量摂取するにはどうすればよいのか、を広く知ってもらうことは、健康で安全・安心な食生活を送る上で極めて大切なことだ。まさに、「食育」という概念だ。

食育基本法が２００５年に制定されて、もうすぐ20年になる。この間、政府はこの法律に基づき、各般の食育施策を展開してきた。人が生きていく上で不可欠な食料である以上、食育の現場も人が生きるあらゆる場面で展開されるべきであり、基本法においても、国や地方行政における計画制度に始まり、家庭・教育現場・地域のそれぞれにおける食育活動の展開がうたわれている。

法制定当初は、主管官庁が内閣府という何でも屋だったことから、いまひとつピントが合わなかった恨みもあった。だが、肥大化した内閣府・内閣官房の所掌事務を整理した２０１６年の業務再編により、農水省が食育の主管官庁となってからは、農林水産業や食品産業も巻き込んで名実共に国民運動としての「食育」が推進される体制が整備された。今後は、学校への栄養教諭の設置などの教育現場を中心とした従来の食育にとどまらず、広く家庭や地域・職場などにおける活動が求められるとともに、栄養面以外の食育にも力が入れられるべきだ。

厚生労働省が毎年実施している国民健康・栄養調査報告では、年齢階層別の主要食品群の摂取量が明らかにされている。これを経年分析している有識者によれば、「食の西欧化・多様化・簡便化の進展により若齢層の食生活が乱れている」という一般的なイメージとは裏腹に、成人層、特に中高年齢層の食生活に課題があるそうだ。糖質・脂質・たんぱく質のバランスの良いいわゆる日本型食生活が崩れ、米の消費量が減少する一方で油脂類の摂取増による脂質過多が中高年齢層で進んでいる。近年、高齢者の栄養不足による筋力低下などで日常生活に支障を来す「フレイル現象」に注目が集まるのもむべなるかなだ。

教育現場では米飯給食の定着や栄養教諭による栄養・健康指導などの効果があり、児童・生徒など若年層に対する食育は成果を上げている。他方で、社会人になった大人たちは、勤務時間の合間に慌てて済まさざるを得ない偏った外食・コンビニ総菜のランチや残業後の飲み会など、食育を意識する余裕がないのかもしれない。そんな大人たちこそ、栄養バランスの良い食事の大切さを再認識すべきだ。日本型食生活をもう一度見直すと同時に、食材としての国産農産物の価値についても、そして、その基盤である農業の多面的機能についても、机上で理解するのではなく、農業・農村現場に足を運び体感・共有してもらう必要があろう。「大人の社会科見学」と同様、今こそ「大人の食育」にも力を入れるべきだ。

（日本農業新聞　２０２４年3月20日）

かつて農水省牛乳乳製品課長を務めていた頃、世代・性別の牛乳消費量のデータに接したことがある。15歳までは男女差がほとんどないのだが、16歳以降女性の牛乳消費量が有意に低下し、これが妊婦のカルシウム不足に影響しているのではないか、といった分析だった。どうやら、15

歳までは学校給食により提供される牛乳の消費習慣が、高校入学と同時に「牛乳は太る」という都市伝説で、特に女子生徒の消費量が減少する、というものだった。誤った認識の上に正しい消費行動は存在しない。まさに「大人の食育」は大切だ。

政治の季節と農政――政策の見極め判断を

岸田文雄首相がお盆の最中に突然、自民党総裁選への不出馬を宣言したことで、にわかに「政治の季節」がやって来た。もともと任期満了に伴う総裁選が9月に予定されていたのだが、いかに内閣支持率が低水準とはいえ、現職の首相・総裁が再選を目指さないわけはなかろうという大方の予想の下、総裁選がどのような構図になるか、これまで政治評論家たちも確言できない状況だった。

それが一夜にして様変わりした。従来、派閥の力学で意欲と能力はあってもなかなか手を挙げられなかった総裁選に、10人を超える議員が名乗りを上げるようだ。同一派閥から複数の候補者を擁立する動きがあるのも異例だが、40歳台が2人も意欲を示し、その両人が目下、最有力と見られているのも信じがたいことだろう。

自民党内の混乱の一方で、現職首相・総裁の不出馬宣言に最も影響を受けたのは野党第1党の立憲民主党だろう。ついこの間まで、自民党の政治資金パーティー裏金問題や実態なき秘書給与詐取事件などで追い風が吹いていたが、次期首相を選ぶことになる自民党総裁選のニュースに話題をさらわれてしまった。その上、立民代表選の候補者として取り沙汰される面々は、「昔の名前で出ています」という、旧民主党政権で活躍した議員ばかりとあっては、メディアならずとも関心は自民党に向いてしまう。

政治評論家でない筆者がこれ以上、床屋談義を続けても詮なきことなので、ここからは本コラムの副題である「農政展望台」に立つ者として、この政治の季節に農政を展望してみたい。

「新しい資本主義」をキャッチフレーズに掲げた岸田政権はこの3年間、それまで続いてきた市場原理主義的な「奇妙な農政改革」路線を修正し、現場の声を聞き、行政対象の理解と協力を得ながら政策展開を行う伝統的な農政路線に復してきた。またコロナ禍やロシアのウクライナ侵攻など、世界情勢の変化を踏まえ、食料安全保障を中核に据えた食料・農業・農村基本法の改正や食料供給困難事態対策法の制定など、大きな成果を残した。来年〔2025年〕の次期基本計画策定とともに「農業構造転換集中対策期間」ののろしを上げた農林関係議員の多くは、防衛費や少子化対策、経済安保に勝るとも劣らない予算確保を目指していたわけだ。

そんな中での現職首相・総裁の不出馬宣言は、この現実路線の継続に黄信号をともしかねない由々しき事態だ。農林水産相経験者の自民党農林幹部が、総裁選候補者に農林水産予算確保の意向確認をすべきだと述べたという報道に接したが、まさにむべなるかなだ。候補者と目される議員の中には農水相経験者が複数いる。また生産調整廃止のシミュレーションや農協改革など、農政のさまざまな現場で活躍した議員もいる。次の政権において農政がどのような方向に進むのか、われわれ関係者は固唾をのんで見守っている。

一方、立民はといえば、耳に飛び込んできたのが「農業者戸別所得補償」だ。この言葉には酷暑のせいか、いささか頭がくらくらしてしまった。新たに掲げられたらしい「人間中心の経済」には、15年前の「コンクリートから人へ」を思い出さずにはいられない。

いずれにしても与野党を問わず、普段あまり取り上げられることのない農政分野で次の10年を見通し、いかなる食料・農業・農村政策を推進しようとしているのか、正直かつ真剣に議論を戦わせてほしい。それが遠からず行われるであろう総選挙において、有権者・国民が正しい判断を下すための基本材料となるのだから。くれぐれも人気投票にならないことを祈って筆を置く。

（Agrio ５１５号　２０２４年９月３日）

総裁選と代表選――真の味方は誰なのか

与野党第１党のトップを決める戦いが大詰めを迎えている。両党とも選挙期間を長く設定し論戦を戦わせることで、国民の関心を集め、来たるべき総選挙での党勢拡大につなげようとしている。

かつて総裁選といえば、派閥丸抱えで都心の一等地のホテルに選挙事務所を構え、公職選挙法が適用されないのを奇貨として実弾が飛び交うような激烈な選挙運動が展開されていた。今回の総裁選では、政治資金を巡る不祥事で派閥が解消し、巡る情勢も様変わりだ。同一派閥から複数の候補者が立候補したり、無派閥の若手候補者が最有力と持ち上げられたり、といったことは、以前には考えられなかった。

水面下で派閥の談合が行われ、金とポストの両にらみで最終勝利者があぶり出されるという従来のスタイルから脱却し、候補者それぞれが目指すべき社会の姿を述べ、そこに至る政策を示し、有権者たる党員・サポーターの支持を求める姿は、勝者が誰であれ納得感を高めるだろう。国会議員票の重みが増す決選投票でも、ぜひともそうあってほしいものだ。

事実上の首相を決める総裁選では、各陣営とも、憲法改正から外交・安保、経済、社会保障、少子化対策など、この国の将来を左右する大きなテーマについて公約が示されている。どの候補者ももっとも（そう）な公約を掲げており、これらが実現できていたらさぞかし日本は良い国になっていたはずだ。加えて突如、政策活動費の廃止や選択的夫婦別姓の導入、労働者の解雇規制の緩和など、平時にはとても口にできそうもないことまで俎上《そじょう》に上っている。あまりの唐突感から、実現可能性については疑問符が付かざるを得ない。

これらの大テーマとは違って、農政については、公表資料を見る限り候補者間でそれほど大きな違いはなさそうに感じられるかもしれない。ただ、これまでの経歴を見ると、農業・農村について、あまり思いが及ばなそうな向きもいれば、閣内で貴重な経験を積んだ人や党の場で農業関係者の心胆を寒からしめた主張をした人など、濃淡はある。バナナのたたき売りなら、「買って帰ったら腐っていました」でも諦めがつこうが、この国のトップを決める今回の選択では、主張の内容、財源の有無、候補者の能力と経験、実行力など十分検証しておきたい。

現在、農政では、心ある農林議員や官僚、有識者の英知を集めて食料・農業・農村基本法の改正作業が行われ、来年〔２０２５年〕の基本計画の策定に向けて5年間の「農業構造転換集中対策期間」を通じ、食料安全保障の充実に向かおうとしている。読者の中にも貴重な一票を有する党員が存在するだろうから、各候補者がどんな農政観を持って農政に携わってきたか（あるいは携わってこなかったか）を、よくよく吟味した上で、一票を投じてほしい。近視眼的に総選挙の顔を選ぶ人気投票にしてはいけない。くれぐれも、現下の農政の大きな流れを卓袱台《ちゃぶだい》返しするような選択はしないことだ。

一方の野党代表選では、農業者戸別所得補償の文字が躍っている。15年前の民主党政権時代に壮大な社会実験ともいえる政策変更を試みたが、十分な制度設計もないままに導入されたこの仕組みがどんな結果をもたらしたかは、多言を要しまい。もちろん、直接支払いという政策手法が否定されるべきではないが、再びその導入をうたうのであれば、生産性向上努力を阻害しないか、構造政策と矛盾しないかなどの論点を丁寧に検証すべきだし、何よりもまず、直接支払いに必要となる財源をどう確保するのかの説明責任が問われよう。かつて土地改良予算を削って稲作農家にばらまいたこの政策のことは、決して忘れられてはいないのだから。

（日本農業新聞　２０２４年9月18日）

２０２４年秋の総裁選は、結局複数回の閣僚経験や幹事長経験もある石破総理が総裁の椅子を射止めた。かつて石破農相時代に農水省食糧部長の辞令交付を受けた筆者としては、久々の農政に通暁した政権の誕生と大いに期待している。２０２５年3月の基本計画策定に向けて課題は山積だが、特に核心的テーマである水田政策の見直しについては、「需要に応じた生産」の呪縛を解き放ち、新風を吹き込んでくれると信じたい。

新政権の農業政策——所信表明の熱量で推進を

政治情勢が目まぐるしい展開を見せている。先月末から半月余りで、自民党新総裁が選出され、国会での首相指名、新たな内閣の発足、そして新首相の所信表明演説とそれに対する代表質問が行われた。通常なら予算委員会での論戦となるところ、党首討論を経た上で、衆議院解散とあいなった。前例のない党首討論の時間延長ではあったが、各閣僚の力量が明らかになる予算委員会での議論がなかったことに、食い足りなさを感じる向きも多かろう。

農業・農政関係者にとっては、農相と2度にわたる農水政務次官の経験を有する新総裁・首相であり、期待が高まっているのは事実だ。旧知のメディア関係者からも、こんなに農政に通暁した新体制はないですね、と弾んだ声が寄せられた。

確かに、首相と官房長官が農相経験者で、閣僚には複数の農水副大臣経験者がいる。与党も、自民党ナンバーツーの幹事長と国会運営の要の国対委員長がそろって農相経験者だ。政策の取りまとめを行う政調会長も、米どころの出身で水田政策の取りまとめを長く務めてきた人物だ。公明党の国会対策委員長も農水政務官を2期務めた経験者だ。内閣・与党の布陣としては、農政推進上かつてない陣容であるし、来年〔2025年〕の食料・農業・農村基本計画策定とこれに伴う諸政策課題の解決・推進、特に関係法律案の国会審議を考えれば、願ったり、かなったり、というべきだろう。

新政権の目指す方向を端的に表す文書である首相による所信表明演説でも、農政に関して近年にない取り扱いとなっている。演説本体も過去2人の首相就任時のものが7000文字程度であるのに対し9700文字と熱が入っているのだが、それに加えて、農林水産関係の記述には顕著な違いが見える。

2020年、菅義偉首相の就任時の演説では、農水関係は262文字であったが、そのうちの過半は輸出に関する記述で、一般農政に関しては「これまでの農林水産業改革についても確実に進め、地方の成長につなげてまいります」の38文字だ。21年の岸田文雄首相の演説では、それまでの競争至上主義への反省もあり、新しい資本主義の下で、家族農業や中山間地農業の多面的機能、米価の大幅下落や需給安定への支援などに言及するなど前内閣との違いが表れていた。それでも、文字数としては、111文字だった。

今回の石破茂首相の所信表明では、食料安全保障の確保、環境と調和のとれた食料システムの確立、農林水産業の持続的な発展、中山間地域をはじめとする農山漁村の振興などに満遍なく言及があり、これまであまり取り上げられなかった、持続可能な食品産業への転換、循環型林業など強い林業づくり、海業の全国展開など漁業・水産業の活性化など農林水産政策全般に目配りが利いているのが特徴だ。文字数も304文字に増えた。

フェーズは既に選挙モードに入っており、各党ともきらびやかな選挙公約がめじろ押しのようだ。われわれ有権者としては、財源論も含めて誰に託せば何が実現可能なのか、眼光紙背に徹する覚悟で公約を吟味した上での投票行動が必要だ。

せっかく農政に通暁した政府・与党が成立したのだから、ぜひとも、所信表明で示された熱量をもって、消費減から生産減という負のスパイラルに陥りかねない米政策の見直しや、ようやく増産基調に転じつつある酪農の今後を占う「酪農及び肉用牛生産の近代化を図るための基本方針」（酪肉近）の改定、そして新たな基本計画の策定といった難題に当たってもらいたいものだ。そして、どんな政策にも避けて通れない財政支援のための農林予算の確保も忘れずにお願いしたい。

（日本農業新聞　２０２４年10月16日）

選挙後の農政の行方——混迷は深まるか

本コラムが読者の目に触れるのは衆院選の結果が出た後となるが、有権者の審判は国会にどんな勢力図をもたらすのだろうか。

前回（Agrio ５１５号　２０２４年9月3日、本書53頁）は自民、立憲民主両党の総裁・代表選を題材に、政策の吟味こそ重要で、決して人気投票に堕すべきではない旨を記した。結果はおおむね筆者が期待した通りとなり、自民総裁には若手や女性といったキャッチーな候補ではなく、政策本位で挑戦し続けてきた実力者が選ばれた。立民代表も15年前の「コンクリートから人へ」を想起させたキャッチコピーの主ではなく、地方議会も含む長い政治経験と、野党にはまれな首相経験を有する実力者が選出された。

この同い年の議論好きとおぼしき両者の間でもろもろの政策課題について、衆院選前に国会の予算委員会で丁々発止の論戦が展開されると期待したのだが、残念ながら新政権は代表質問と党首討論を行っただけで、怒涛《どとう》の解散・総選挙へ突入してしまった。従って、われわれ有権者は両党を含む各党が選挙用に示した公約を材料に、自らの投票行動を決しなければならなかったわけだ。どの党の公約も耳に心地はよいが、実現に不可欠な財源については「経済成長による将来の果実が何とかしてくれる」的な楽観論が中心だった。泡沫《ほうまつ》政党が目先の人気取りで、「危機の今はまず分配」と言い募るのは勝手だが、責任政党を自任するのなら「良薬は口に苦し」の例え通り、正論を堂々と主張してほしかった。

さて農政を巡っては、自民党総裁選で米政策や農地・担い手問題などに従来とは異なる光を当てそうな首相の主張はあったが、そうした独自色は選挙公約では封印されたらしい。「独裁政党・全体主義ではない」との言も、言い訳めいて聞こえてしまう。

対する野党も、さすがに色あせて擦り切れた一枚看板では戦えないと考えたか、15年前の農業者戸別所得補償をそのまま掲げるところはなかったようだ。とはいえ、戸別所得補償のバージョンアップだの、食料安全保障基礎支払いだの、いまひとつ具体性に欠けていた。同じ野党でも、身を切る改革と規制緩和による経済成長を標榜《ひょうぼう》する勢力がどこまで票を伸ばしたかは、農業関係者にとって人ごとではない。規制改革や市場原理、経済成長といった言葉は魔法のつえであり、財政支出を伴わずに政策課題が解決できるとの幻想を振りまきかねない。「地域農協から金融部門の分離」や「株式会社をはじめとしたあらゆる主体による新規参入を促進」など、農村の現場を理解しない、相変わらずの主張も垣間見えた。市場原理主義的な「改革」に有意な実りがないことは、ここ10年間の「奇妙な農政改革」で実証済みなのだが。
ひょっとすると単独で過半数を占める政党がなくなり、摩訶《まか》不思議な連立が模索される事態となっているかもしれない。ドイツでは、比較第1党の保守系政党と第2党の革新政党が大連立を組んだ時代があったものの、結果は「決められない政治」の連続で、急進右派政党「ドイツのための選択肢（AfD）」の台頭につながった。本邦でも、かつて「8頭建ての馬車」といわれた連立政権が1年弱で瓦解《がかい》したのを知る人も少なくなってきた。数合わせの連立政権は、不安定な政治を招来するリスクが大きい。
いずれにしても衆院選の結果は出たわけで、食料・農業・農村に理解のある、まともな政権による現実的な農政の推進を期待したい。食料安全保障は待ったなしだ。

（Agrio 523号　2024年10月29日）

衆議院選挙直前の執筆で、かつ、直後の掲載というタイミングでの本コラムは、書くに難しいテーマだった。とは言っても、だからこそこの時期に書かざるを得なかったものなのだが、選挙結果と照らし合わせてもらえれば、あながち的外れなことは書いていなかったことに安堵した。「下手な政治評論より悪くない」とお褒めの言葉もいただいた。自画自賛はこのくらいにするが、選挙結果を受けたその後半年余の政局については、いまだ先が見通せず、無手勝流とならざるを得ないようだ。大事な基本計画や、持続可能な食料システム支援の新たな法制度が台無しにならないことを祈りたい。

財政審建議を考える――食料安保環境の直視を

予算編成作業が佳境を迎えている。来週には2025年度予算の閣議決定の運びとなろう。補正予算に続き、農林予算の増額、できれば大幅増を期待したいところだ。この国の財布のひもを握る財政当局との最後の攻防を迎えている農水省・農林関係議員には、最後の踏ん張りを見せてほしい。

と言うのも、財政当局の農政に対する認識があまりにも現場感覚に乏しいからだ。毎年この時期に公表される財政制度等審議会（財政審）の建議を見れば、彼らの農政観がおのずと明らかとなる。今年も、先月末に「25年度予算の編成等に関する建議」が公表されており、「農林水産」の項には、水田活用交付金や経営所得安定対策（ゲタ対策）の負担の在り方、食料自給率の指標性への疑問、備蓄の在り方など、米政策を中心に厳しい指摘が並んでいる。

これらの論点については、建議公表以降本紙でも詳述されているので繰り返さないが、どうしても看過しがたい二つの記述がある。まずは、建議中の次の一文だ。「現在の農業の構造的課題は、すなわち、生産・経営において多額の国民負担に基づく財政支援や種々の規制等が存在することにより、生産性向上・経営の効率化が十分に進まず、収益性の向上を通じた産業としての自立化が進まないことにある。これは、当審議会において繰り返し指摘してきたとおりである」。

「はて？」。朝ドラの主人公ではないが、これには首をかしげざるを得ない。農水・財務両省が議論・検討し国会で議決された予算に基づく財政支援措置や農政上必要な法令に基づく規制措置を、一刀両断に諸悪の根源と断じている。そもそもこの国の農業は、新大陸の農産物輸出国と比べ狭く山がちな国土条件の下で営農を強いられるという克服しがたい不利性がある。一度でも現場を見たことがあれば、1経営体当たりの耕地面積が数百ヘクタールから数千ヘクタールにも及ぶ新大陸の穀物農場と、わが国の水田転作小麦農家が財政支援なしに競争し、結果、産業として自立できる小麦農家になることなど「夢のまた夢」に過ぎないことが分かるだろう。

もう一つの「はて?」は、「輸入に関しては、現在の輸入品の大宗が、政治経済的に良好な関係の国からのものであることを踏まえれば、こうした品目については、あえて国民負担で国内生産を拡大するということではなく、輸入可能なものは輸入し、他の課題に財政余力を振り向けるという視点も重要である」だ。

ここ数年、コロナ禍、ロシア・ウクライナ問題、イスラエル・パレスチナ問題、シリアの体制崩壊など、国際環境は激変している。仮に朝鮮半島や台湾で有事となれば、わが国への国際空海運にも深刻な影響がある。農産物輸入も途絶しかねない。まして、最大の同盟国でも自国ファーストの指導者が返り咲く政治情勢なのだ。

そんな環境変化から目をそらし、仲良しクラブ的に外交的友好関係を構築しておけば輸入依存しても問題ない、と考えるのはあまりにも甘い考えだ。最後は米国が守ってくれるから自主防衛は不要だという一昔前の「日米安保タダ乗り」や、平和外交を貫けば国の安全は守られるという非現実的な一国平和主義者の「お花畑論」と大差がない。今の厳しい安保環境下では一笑に付される考えが、こと食料安保について根強く主張されるのはなぜだろうか。「他の課題に財政余力を振り向け」たいからではないかと勘繰りたくもなる。

本欄で幾度となく強調してきたが、食料安全保障の確立には可能な限りの国内生産の増大が必要であり、そのためには財政支援が不可欠だ。「一文惜しみの百知らず」にならないよう、皆でよく考えたい。

（日本農業新聞　２０２４年12月18日）

第三章　規制改革と「奇妙な農政改革」の失敗

「農政改革」のその後――現場の理解なき改革の末路

コロナに明け暮れた通常国会が先週〔2021年6月〕閉幕した。農水省提出の4法案も無事成立した。いずれも有意義な法律であり、関係者の暮らしと経営に役立つ喜ばれる制度運用が望まれる。

かつて農水省は毎年多くの「農政改革」関連法案を国会に提出していた時期があった。政権交代翌年の2013年臨時国会への農地中間管理機構法案を皮切りに、15年の農協改革法案、17年には農業競争力強化支援法案、生乳改革法案、主要農作物種子法の廃止法案など8本、そして18年の卸売市場改革法案、森林経営管理法案と続いた。いずれも当時は「何十年ぶりの改革」と喧伝《けんでん》されたが、内実は、与党調整プロセスにおいてさえ関係業界からの反対や懸念の声が大きかったものだ。農水省提出法案としては珍しく、与野党対決法案が目立ったのもこの時期の特徴だ。その後これらの法案は成立し施行されているが、徐々にその副作用が顕在化してきているのはご承知の通りだ。

構造政策の目玉として制度化された農地中間管理機構は、担い手への農地集積率8割目標の掛け声とともに人も金も機構ルートに集約し、農家負担ゼロの土地改良事業とのセット販売も進められたが、実績は芳しくない。現状5割から出発したが8割はおろか6割にも達していない。先祖伝来の大事な農地をどうするかは、やはり地元集落の顔の見える関係で納得と合意がないと前には進まない。次の制度改正に向けて、人・農地プランの実質化や中小家族経営・半農半Xの制度化などが検討されているようだが、もっともなことだ。

60年ぶりの大改革を標榜《ひょうぼう》した農協改革も、JA全中の一般社団化や農協に対する公認会計士監査の導入などの強行規定は実現したが、JA全農の株式会社化や単協信用事業の上部移管と農林中金の代理店化などの任意規定は想定通りには進んでいない。准組合員問題も、実態調査が何度か行われ特段の不都合はないし、与党の公約も「組合員の判断に基づく」と極めてまっとうな方向に変化した。

50年続いた暫定法の廃止・恒久法化を唯一の「売り」にした生乳改革に至っては、鳴り物入りで導入された新制度に参入した事業者が集乳停止し酪農家ともめ事を起こす一方で、生乳生産の大宗《たいそう》は歴史と伝統の指定団体が引き続き担っている。コロナ禍における突然の学校給食の停止で混乱する牛乳需給を指定団体と乳業の連携で乗り切ったのは記憶に新しい。今後もこの世界で想定される諸課題はやはり指定団体抜きには解決が難しい。役所も「いいとこどり事例集」を出すなど、正常化への努力が続いている。

主要農作物種子法の廃止も物議をかもした。1998年の同法に基づく国による助成規定の削除以降事実上安楽死していたこの法律をあえて廃止したのだが、一連の新自由主義的な農政改革関連法改正に懸念を抱いていた識者がこの法律の廃止に大きく反応し、反対運動が盛り上がった。2017年の事務次官依命通知の言葉の端々に、国が種子・種苗行政から手を引かんばかりの表現が見え隠れしたことも、関係者の不安を募らせた。２０２１年4月の改正種苗法施行に伴う次官通知の修正で、懸念もようやく一段落したようだ。

駆け足で「農政改革」の顚末《てんまつ》を見てきたが、共通していることは、当事者や関係者の理解や共感を得られない制度変更は、実を結ばないということだ。理念先行の独善的な対応は、生産現場や関係者の暮らしと経営を混乱させるだけだ。何のため、誰のための改革なのかを問い直しながら、ようやく動き始めた正常化に向けた取り組みを一歩ずつ進めていかなければなるまい。

（Agrio ３５８号　２０２1年6月22日）

安倍政権下でのいわゆる「奇妙な農政改革」で行われた法改正とその後のてん末を記したコラムだ。時を経て、副題にある「現場の理解なき改革の末路」はますます惨憺《さんたん》たる状況だ。農地中間管理機構制度はその後何度かの法令改正で現実路線に修正されてきたし、農協改革も生乳改革も関係者と行政当局の努力で正常化されつつある。当時の首相が凶弾に倒れ内閣も数代変わったが、この間に払われた社会的コストの責めを負うべき者は誰なのだろうか。

指定団体の将来像を考える――安定した生乳流通模索を

夏休みが終わった。この長い学校給食停止期間を挟んだ時期が、生乳需給にとって一番難しい季節だ。需給調整を担う指定生乳生産者団体の腕の見せどころだ。

6月末に中央酪農会議が、農水省からの通知に応える形で今後の指定団体の在り方についての方向性を明らかにした。中酪の文書では、①あまねく集乳機能を有する指定団体の役割は従来に増して重要②酪農経営が多様化する中で選択される組織となることが必要③そのためには、指定団体と会員酪農協との業務・役割分担、指定団体間の業務提携、業務の一層の合理化と情報開示が必要――といった内容だった。

中酪が示す方向はもっともなのだが、やはり現行のブロック単位の10の指定団体の姿かたちをどうするかについて突っ込んだ検討が必要だろう。「（指定団体の）さらなる広域化は、（中略）現状においては合理化メリットが見いだしがたい」と切り捨てられているのだが、一方で規制改革推進会議が3月の農業WGで発信したように「指定団体を分割せよ」といった乱暴な主張もある中で、自らの将来展望を明らかにすることは大切だ。

かつて平成1桁までは、都道府県ごとに指定団体が存在した。その後、酪農家の規模拡大と戸数の減少、都府県酪農の生乳生産量の漸減という事態を前に行政は指定団体の広域化を目指した。不足払いから変動率への単価決定方式の変更を伴う加工原料乳生産者補給金等暫定措置法改正に併せて、指定団体の広域化が推進され2001（平成13）年度には現在の体制が実現した。

あれから20年、残念ながら都府県の生乳生産量はさらに減少し、酪農家数も3分の1にまで減少した。広域化の論拠でもあった乳価交渉力の強化についても、大手乳業の乳価決定権は事実上本社酪農部に集約され、また地方の中小乳業の大手横並び傾向も顕著となる中で、国の地方支分部局単位の指定団体には限界が見えている。

また、都府県の生乳流通を考えたときには、特に不需要期の余乳処理や逼迫《ひっぱく》時の需給調整など、指定団体の管轄区域を超えたより広域での機能発揮が求められている。現在その機能の大宗を指定団体ではないＪＡ全農が担っていることは周知の事実だ。これらの事情を勘案すれば、生乳制度におけるＪＡ全農の位置付けや都府県の指定団体の将来方向はおのずと見えてこよう。

近年国が推進する輸出の拡大を酪農家の所得向上につなげるためには、酪農側から処理・加工・販売事業など川下への進出や輸出事業への取り組みといったことも検討に値するだろう。5月に農水省が策定した「みどりの食料システム戦略」に整合的な脱炭素型の畜産・酪農への転換という中長期的課題への対応も重要だ。

先月農水省は、全国の酪農・乳業・チーズ工房に対して、規制改革実施計画で求められた生乳取引に関する調査を行った。この機会に、規制改革会議主導の市場原理指向型の生乳改革を見直し、酪農家にも乳業にもそして最大の受益者でもある消費者のためにもなる安定した生乳流通を模索すべきだ。指定団体制度も、集送乳の合理化や乳価交渉力の強化という一義的な役割はもちろんだが、組合員酪農家の所得向上や持続可能な畜産・酪農実現のための粗飼料供給、営農指導体制の確立なども含めて、全農・全酪連・指定団体・単位（略）農協を通じたトータルな酪農系統組織の将来像を考えていくべきだ。

（日本農業新聞　2021年9月1日）

本コラム執筆以降も、規制改革会議主導の生乳改革はいたるところで不具合を露呈し、行政は「いいとこどり（防止）事例集」の公表などさまざまな手を打っている。現下の酪農をめぐる情勢は、輸入飼料依存型の都道府県酪農でも、大規模経営（メガファーム、ギガファーム）の北海道酪農でも、厳しい状況が続いている。酪農家数が一万戸を切るなど、真の生乳改革のために残された時間は多くはない。

3年に1度のJA全国大会――真の自己改革の継続不可欠

今年（2021年）は、3年に1度の全国農協大会の年である。「JA」の統一表記を使うようになってからはJA大会と呼ぶのだろうが、名称はともかく、この大会の意義は大きい。普段、農協を意識したことがない都会の若者や消費者に対して協同組合の価値に気付いてもらうことはもちろんだが、3年に1度、自らの組織や事業の棚卸しをして、足らざるを補い、行き過ぎを戒め、そして何より、組合員・准組合員・役職員がこの協同組合という一つの紐帯《ちゅうたい》により結ばれていることを再認識することが重要だ。

大会議案の中には、農協系統が目指す10年後の姿に向けて、食料・農業基盤の確立など5本柱が掲げられている。組織協議の真っ最中でもあり、紙幅の制約もあるので詳述は避けるが、その柱の一つとして掲げられている「食・農・地域・JAにかかる国民理解の醸成」は、食料・農業・農村基本計画でうたわれた「食と農の新たな国民合意形成のための運動」の主たるプレーヤーとしても、先般公表された「食から日本を考える。NIPPON FOOD SHIFT」の担い手としても、欠かせない問題意識だ。この分野で、農協系統が果たすべき役割は大きく、今次大会で目指していく方向も、国の政策対応と方向性が一致している。

ただ、国の政策支援は永続するものではない。国が予算措置を数年続け、それにお付き合いしていくだけでは、過去に幾度も繰り返された同種の「運動論」と同様、一過性のもので終わってしまいかねない。

その場限りとならないためにも、これらの国の推進する諸施策を弾み車として、参画する当事者や関係者が持続可能な形で運動に取り組めるような制度化・組織化が求められる。

独立採算の事業体である農協が、組合員農家の営農・生活支援という一義的な役割に加えて、これらの啓発運動を行うのは重要なことである。採算を度外視するわけにはいかないだろうが、自らの組織の基盤である農協制度が国民の理解を得て将来にわたり安定的に存続することにつながるからだ。

何年か前に、農協系統組織について、「職能協同組合に純化すべきだ」との論理の下で、JA全中を一般社団化し、JA全農の株式会社化や単協の信用事業の上部移管・代理店化を進めようとした、あの強引な農協改革が行われたことを忘れてはなるまい。

幸い、その後の政治情勢の変化と自らの創造的自己改革の継続により農協系統を巡る状況は好転し、農協の社会的経済的実在としての意義が再認識されている。その結果、懸案だった准組合員規制の問題にも決着がついた。

だが、ゆめゆめ油断することは禁物だ。いつ何時、「農協はけしからん」というアゲインストの風が、どこからか吹いてくるかもしれないのだ。あの時だって、まさか与党の友好団体である農協系統の存在を否定するかのような農協改革法が成立するとは、誰も想像できなかったはずだ。

肝心なことは、農協系統自らが、胸を張って自分たちの存在意義を確信し主張することにより、できるだけ多くの消費者・納税者・国民に、この組織に共感を抱いてもらうことができるかだ。新たな総理大臣が誕生して、総選挙が間近に迫る政治選択の季節の中で、今まさに農協系統組織の鼎《かなえ》の軽重が問われている。みんなが得心する、お仕着せではない真の「自己改革」の継続が不可欠であろう。大会の成功を祈念する。

（日本農業新聞　２０２１年10月６日）

2015年の農協改革法の成立から今年で10年目だ。再三指摘・発信している通り、実需のない強引な取り組みだったが、農協系統組織にとっては高い授業料を払った苦い薬として孫子の代まで語り継がれなければなるまい。本コラムにある通り、一旦風向きが変われば、いつ何時《なんどき》農協叩きが再燃するかわからない。SNS全盛のこのご時世、真っ赤な嘘のフェイクニュースですらみんなに信じられかねない。悪意の農協叩きの恐れは常に存在する。ゆめゆめ自己改革と仲間作りを怠ることなく、正しい理解醸成活動に力を尽くすべきだ。

豪雨災害と農地所有問題——命と生活守る社会的規制

今年〔2021年〕7月熱海市で発生した土石流災害に関して、先週末関係事業者に家宅捜索が行われた。ここ数年日本列島は、「百年に一度」という豪雨災害に毎年のように見舞われている。豪雨に限らず人知の及ばない災害に対する恐れと備えの気持ちを忘れてはなるまい。

報道によれば、熱海市の事案は、十数年前に条例規制による届け出は行われていたものの、実際には届け出数量を超えた違法な盛り土が繰り返されていたようだ。造成現場の危険性はかねて住民から指摘され、幾度か行政指導も行われ、条例に基づく安全措置命令の発出まで検討されたようだ。しかし、結果として今回の重大災害の発生を防止することはできなかった。この間、土地所有者が変わるなど権利関係が錯綜《さくそう》したことも影響していたのだろう。今回の甚大なる被害を踏まえて、県・市も行政対応の検証を始めている中での司直による強制捜査となった。国も遅ればせながら、盛り土を全国的に規制する立法措置の検討に着手したようだ。

この事案の経緯を見ていて、農政上のある課題について改めて考えさせられた。株式会社による農地所有の是非である。これを認めるべきではないとする論拠の一つが、農地がいったん違法に転用され産業廃棄物置き場などになれば、原状回復が難しくその負の影響は周辺農地や住民の居住環境に甚大な影響を及ぼす、というものだ。一方、これを認めるべきであるという論者は、農業の生産性を向上させ成長産業化させるためには、資本主義の力の源泉である株式会社を排除している農地制度こそ問題であり、農地所有に係る経済的規制を一刻も早く撤廃せよ、という主張だ。

農地所有に係る規制は、農業の成長産業化を制約している経済的規制（合理化や効率化などに関わる規制）なのだろうか。農地法制定以来の「農地は耕作者が所有するべき」という耕作者主義の原則は、経済合理性以前の戦前の地主制度に対する歴史的社会的反省からのものである。さらに、上述した違法転用規制の法益は農地の生産性向上という経済的な面に加えて、周辺農地・環境への影響といった社会的規制（安全、衛生などに関わる規制）に他ならない。

また、社会的規制であっても一律に農地所有を禁ずる事前規制ではなく違法転用があった場合に指導し是正する事後規制とするべきという主張がある。しかし、今回の熱海市の例を見れば明らかな通り、事後規制を行う行政側の対応には人的、財政的、時間的に限界があり、行政代執行もままならないことは明らかだ。尊い多くの人命が失われて初めて行政や司直という統治機構が動きだしたわけで、そこに至らない「困った事案」はおそらく全国あちこちで発生しているに違いない。

「違法転用問題は株式会社に限らない」という反論もあろう。しかしながら、まっとうに農業を営む自然人やその農業者が支配し経営判断を行う農地所有適格法人と農外から新規参入しひともうけしてやろうという一般の株式会社とでは、その資本力・資本構成や地域との紐帯《ちゅうたい》、所有と経営の距離などに違いがある。株式会社に共通する法人設立・解散の簡便さや有限責任株主の責任の軽さなどを内包する株式会社に、違法転用の懸念が募るのも無理はなかろう。そんな制度が果たして良い仕組みなのだろうか。本当に農業をやりたいのであれば、農地のリースで十分なはずだ。命と暮らしを守る社会的規制は必要なのだ。

（日本農業新聞　２０２１年11月３日）

この熱海の事案に限らず、社会的耳目を集めた事案のその後を継続してフォローするメディアは多くない。我々伝えられる側の熱量も一時燃え盛るが、味噌も糞もあふれかえる情報化社会の中では長くは続かない。相変わらず馬鹿の一つ覚えのごとく繰り返される株式会社による農地所有論者の主張に対しても本コラムは有効と信じている。

年末年始の生乳需給——需要拡大策や制度検証を

早いもので、新年〔2022年〕が明けて半月が経過した。年末年始に大きな話題となった生乳需給問題も、関係者の努力により生乳廃棄という最悪の事態には至らなかった。

ここ数年、酪農では生乳生産量が増加傾向にあったが、2019年末の農業生産基盤強化プログラムによる強力な増頭対策でアクセルが踏まれるとともに、20年3月の酪農及び肉用牛生産の近代化を図るための基本方針で、10年後の生産数量目標が780万トンに設定されるなど、業界全体で増産基調に拍車が掛かっていた。そこに降って湧いたコロナ禍における連年の生乳需要の減退と年末年始の需給のミスマッチが重なり、今回の騒動となった。

酪農・乳業関係者が組織するJミルクは、11月の時点で年末年始の需給不均衡情報を発信しており、生（酪農）・処（乳業）・販（販売）それぞれで、危機的状況を克服するための取り組みが行われた。行政も、農水大臣・副大臣がメディアの前で牛乳・乳製品を飲んでみせるパフォーマンスをしたり、農水省職員による動画サイト「ばずまふ」への投稿が相次いだりとさまざまな発信が行われ、結果として一般紙や全国ニュースなどでも大きく取り上げられた。

生産者（酪農）と加工処理業者（乳業）が共通の土俵の上で認識を共有し、発生する課題への最適解を求めて協議し結論を得て、それを実行するという難しい取り組みを、今回の危機に当たって実践できたことは意義あることだ。ひとり酪農・乳業だけでなく、農業生産から食品製造、そして流通・消費へと至る一連の食料システム全体の健全な発展という観点からも、素晴らしい成功事例となった。

その上で、あえて2点、苦言を呈したい。

一つ目は、今回の年末年始の需給ギャップを乗り越えればそれでよし、ではないということだ。短期的には、オミクロン株の動向が不確実な中で年度末には学校の春休みを迎えるが、いったん導入された乳牛の増産基調は止まらない。中長期的には、２０３０年の意欲的な生産数量目標に向かっての増産体制と、環太平洋連携協定（ＴＰＰ）などでの輸入乳製品の関税削減による内外乳製品の競争激化という根本的な問題も抱えている。

今次予算編成においては、さすがに生産刺激的な乳牛の増頭奨励事業は廃止されたようだが、一時的な牛乳の消費拡大対策にとどまらず、加工需要で伸び代が期待できるチーズ向け生乳の需要拡大のため、チーズ乳価の在り方も含めた抜本的な対応が必要だろう。

二つ目は、生乳制度の在り方だ。今回、危機的状況の中で、生・処・販のメインプレーヤーはそれぞれ自ら置かれた立場で最善を尽くした。そもそも1年３６５日休むことなく搾乳され、その流通に当たって低温での保管・輸送が必要な上に製品化には巨大な生乳処理施設が必要となる酪農・乳業の世界では、生産側・乳業側のどちらにもこのシステムを円滑に運営するための責務があるのだ。だからこそ両者の間に行政が介入する形で加工原料乳生産者補給金等暫定措置法が制定され、50年以上も補給金を軸とした制度運用が行われてきた。今回新制度になって初の大幅な需給不均衡を前に、新たにこの制度に参入してきた指定団体以外の「対象事業者」は、課題解決のためにどんな取り組みを行ったのだろうか。システム全体を円滑に運営するための社会的共通コストを負担しようとしない勢力の存在は、まさに「いいとこどり」そのものであり、制度の不安定要素である、と断じざるを得まい。

（日本農業新聞　2022年1月19日）

米政策と並び、酪農・乳業政策も本コラムで取り上げる機会が多い。全国津々浦々で生乳生産が行われその消費量は今や米をも上回るという酪農業の特性からすれば当然のことだが、筆者が23年前（2002年）に農水省で初めて就任した課長職が牛乳乳製品課長だったことも影響している。酪農・乳業をめぐる環境はその頃から変わらず依然として困難な状況が続いている。安倍内閣での「奇妙な農政改革」が事態をさらに悪化させている。水田政策の見直しと同様現場に受け入れられる実行可能な政策改革が必要だ。

新しい資本主義と規制改革――企業農地所有の行方に注目

新年度に入った。２０２２年度予算は過去４番目の速さで成立するなど、政府・与党にとっては何年かぶりでの波静かな予算委員会だった。昨年〔２０２１年〕末の国土交通省の建設工事受注動態統計の不正問題や今年に入って発覚した経済安保法担当の内閣審議官の不祥事など野党側には攻めどころはそれなりにあったはずだが、政府・与党ペースで国会審議が進展した感が否めない。

いよいよ、次は夏の参議院選挙に向けて、マニフェスト（政権公約）などを巡って政策提案がかまびすしくなるだろう。政府としては、与党公約策定の前段階として、例年６月に取りまとめられる骨太方針、成長戦略、規制改革実施計画などの政策文書の取りまとめ作業が本格化する。農政サイドから見れば、輸出目標実現に向けた施策や国土強靱化《こくどきょうじんか》・防災対策としての農業・農村整備事業の拡充など「イケイケどんどん」の項目をどれだけ書き込めるかに目を奪われがちだが、忘れてならないのが規制改革推進会議や国家戦略特区の動きだ。

昨年６月の規制改革実施計画（閣議決定）において、「令和４（２０２２）年措置」とされた「農業者の成長段階に応じた資金調達の円滑化」が、今国会へ提出されている農業経営基盤強化促進法等の一部改正法案に盛り込まれなかったことは、２月２日の本欄〔本書１８９頁〕で指摘した通りだ。選挙後の秋の臨時国会でどのような決着を目指すのか注目されるが、ここにきて、規制改革推進会議に加えて、国家戦略特区も関心を示し始めている。２月末の特区ワーキンググループでは、「農地の適切な利用を促進するための施策について（農地所有適格法人の資金調達の円滑化について）」と題して農水省からヒアリングが行われた。もともと株式会社による農地所有の話は、国家戦略特区である兵庫県養父市で試行されている案件なので、国家戦略特区側からすれば、「うちが本家だ」という意識かもしれない。ラーメン屋ではないのだから、どちらが本家でも元祖でもよいのだが、閣議決定にもある通り「農業関係者による農地等に係る決定権の確保や農村現場の懸念払拭措置を講じた上で」という前提条件を忘れてはならない。

そもそも、昨年の総裁選で岸田総理は、「規制改革・構造改革などの新自由主義的政策は（中略）、富める者と富まざる者、持てる者と持たざる者の分断も生んできました。規制改革・構造改革のみでは現実の幸せにはつながっていきません」と主張し、「新しい日本型資本主義」を政権構想の主軸に据えて、「規制改革推進会議の改組」を打ち出した。総裁選を勝ち抜き、政権を発足させ今日に至るのだが、農業・農村関係者にしてみれば、「いつになったら規制改革会議を改組するのだろう、可能なら改組ではなく廃止してほしい」というのが本音だろう。

残念ながら現時点まで、規制改革推進会議の改組は手付かずだ。加えて、新しい資本主義実現会議の設置以降新設されたデジタル田園都市国家構想実現会議やデジタル臨時行政調査会などの構成員や有識者として、廃止されてお役御免となったはずの未来投資会議や成長戦略会議で散々新自由主義的発言を繰り返していた名前も散見される。

このままでは、従来同様市場メカニズム中心の結論にならないか、心配でならない。よもや、7年前の農協改革や6年前の生乳改革の二の舞はなかろうが、与党農林族と規制改革推進会議などとの間で股裂きになる農水省の手綱さばきが試されよう。

（日本農業新聞　2022年4月6日）

「新しい資本主義」を掲げた政権も今は昔、政局の動きの速さには改めて驚かされるが、結果、誰が総理になろうが、与野党勢力逆転があろうが、政権交代があろうが、しぶとく生き残るのは新自由主義者たちだった、ということにしては絶対にダメだ。農業生産現場に寄り添う石破総理の政策運営に期待したい。

物流2024年問題の行方――背景にある規制緩和の見直しを

物流2024年問題が、あちこちで取り上げられている。「今さら」感もあるが、先月2日、関係閣僚会議で新たな政策パッケージが取りまとめられたことも踏まえて、本コラムで取り上げてみたい。

2024年4月からトラックドライバーの超過勤務（残業）時間が月80時間、年間960時間に制限される。これに伴い、従来トラックドライバーの過大な負担で成り立っていたわが国の物流に、深刻な影響が及ぶと懸念されている。政府も昨年〔2022年〕から、関係閣僚会議や実務レベルでの検討を重ねてきており、先月2日に「物流革新に向けた政策パッケージ」が取りまとめられた。

物流の関係者といえば、直接的には発荷主、運送業者、着荷主の3者であるが、実は最大のステークホルダー兼原因者は消費者だ。今回の政策パッケージにおいても、発・着荷主と運送業者に対し、

①「納品期限3分の1ルール」や「物流コスト込み取引価格」の改善などの商慣行の見直し②物流GX（グリーントランスフォーメーション）や物流ＤＸ（デジタルトランスフォーメーション）の推進、共同輸・配送の促進、女性や若齢者ら多様な人材活用などの環境整備など、三者三様の取り組みを促している。これらの諸課題については、当面政府がガイドラインを制定するとともに、業界に対して自主行動計画の策定を促すという、最近はやりの行政手法を取った上で、来年の通常国会に規制措置を内容とする法改正を提出するという道行きのようだ。

一方で、今回のパッケージが、消費者の行動変容を促している点は評価できる。運送業者が、自らの首を絞めかねない過酷な条件で運送サービスを提供せざるを得ないのは、消費者の過剰なまでの要求が原因だからだ。「送料無料」が氾濫し、「翌日配送」は当たり前、「午前中発注で即日配達」というむちゃぶりだ。こんな消費者の要求の陰で、トラックドライバーは寝る間を削り、命の危険と隣り合わせでハンドルを握っている。

今回のパッケージでは、消費者の意識改革・行動変容を促す措置として、ゆとりある配達のための日時指定の促進、再配達の抑制のための宅配ボックス・置き配の推進、行動変容実現のためのインセンティブ制度の導入などがうたわれると同時に、広く荷主企業や消費者に対する、物流の役割の啓発や持続可能な物流実現のための広報の推進が盛り込まれた。政府によれば、今般のパッケージの達成により、24年度に見込まれる輸送力不足（輸送力の14％程度）は、何とか解消されるとの見通しのようだが、なお、２０３０年には輸送力の34％が不足するという。今後の継続的な政策対応が求められている。

そもそも、運送業を巡る厳しい環境は、規制緩和の流れの下、事業が免許制から許可制に変わり、営業区域概念や需給調整規制、運賃の認可制などの社会的規制が緩和・撤廃されてきたことが原因だ。運送業への新規参入が続き、結果的に荷主に対する運送業者の力関係は一方的に弱体化してきた。根源的な問題は、運送業者の経営悪化により、トラックドライバーの提供する労働力の対価（賃金）について、適正な価格形成が行われていないことだ。ドライバーは残業を増やして何とか所得を確保せざるを得ない。

政策パッケージの施策の方向を否定はしないが、現下の運送業者の厳しい状況を招来した根本的な原因である規制緩和の流れ、「自由競争がすべてを解決する」といった規制改革論者の風潮をこそ見直すべきだ。その上で、消費者への配達に関わる「ラストワンマイル」問題だけでなく、無理して遠くまで運ばなくてもよい「地産地消」の評価など、暮らし方の改革が必要だ。

（Agrio ４５９号　２０２３年７月11日）

紅麴問題を考える――誰のための規制改革か

〔２０２４年〕３月末に、食の安全を揺るがす大事件が起きた。紅麴《べにこうじ》を含む機能性表示食品に起因する健康被害の問題だ。事態は現在進行形だが、報道によれば、本稿執筆時点で死者５人、入院・通

院者1000人を超えている。本製品の回収はもとより、関連製品の自主回収まで含めれば、食品産業界をはじめ大変な経済的・社会的コストだ。

今回の事案に係る健康食品は、2020年に消費者庁に機能性表示食品として届け出されており、本件が明らかとなった後の本年（2024年）3月26日に撤回されている。「本品には米紅麹ポリケチドが含まれます。米紅麹ポリケチドにはLDL（悪玉）コレステロールを下げる機能があることが報告されています。LDLコレステロールが高めの方に適しています」という機能性表示がうたわれるとともに、製品前面に大きな文字で「悪玉コレステロールを下げる」という表示も見える。錠剤の形も、まるで医薬品だ。

機能性表示食品は、2015年に制度化された。アベノミクスの規制緩和の代表例ともいえる本制度については、検討段階からさまざまな懸念が寄せられていた。検討の舞台となったのは、あの「規制改革会議」だった。12年12月の政権交代直後の翌年2月、第2回規制改革会議で、早くも機能性食品が取り上げられ、その場で「健康・医療ワーキンググループ（WG）」の設置が決まった。

WGでは、新たな機能性表示制度の必要性を訴える業界団体の要請と、医薬品を所管する厚生労働省、食品表示を所管する消費者庁からの説明が繰り返された。膨大な資料と議事概要が公表されているが、第3回WGにおける消費者庁提出資料に当局の懸念が示されている。

いわく、「現行の栄養機能食品制度および特定保健用食品制度は、科学的根拠レベルの適切性や国際比較の観点から妥当と考える」「現行制度の見直しを検討するに当たっては、有効性と安全性が十分に担保されることが前提であり、かつ消費者の誤認やそれに伴う診療機会の損失等を招くものであってはならないと考えている。したがって、有効性や安全性に係る科学的根拠が不十分な（または不明確な）製品に機能性表示を認めるような見直しについては、慎重な議論が必要と考えている」と。

当局担当官の苦悩と懸念がにじみ出る表現だが、慎重な議論を求める声はどこへやら、拙速な検討が続いた。その後、まるで6月の骨太方針に間に合わせるため、結論ありきのように事態は進展していった。

今回の製品には、筆者も含め飲酒・過食により人間ドックで高コレステロールを指摘される同朋にとっては、魅力的な効能・効果がうたわれている。医師の診察を受けることには抵抗があるが、ドラッグストアで手軽に同様の効果が得られるならありがたい、と考えるのも無理はない。製品裏面に、いくら「本品は、疾病に罹患《りかん》している者、（中略）を対象に開発された食品ではありません」と記載があっても、前面の魅力的な効能・効果表示にかき消されてしまう。そもそも、コレステロールに不安がない人間が、こんなものを手にとるはずはない。おかげで、この業界は売り上げを伸ばし、今や国が許可する特定保健用食品（トクホ）の売り上げを凌駕《りょうが》する。

2013年の第1回規制改革会議で時の総理は、「規制改革は、内閣の一丁目一番地。成長戦略の一丁目一番地」「経済活性化のための規制改革だ」と発言している。専門家が「慎重な検討」をと主張している事柄が、経済活性化や内閣のメンツで押し通されてしまったのだろうか。

説明責任を果たさず責任の所在があいまいな合議体であるこの組織は、3年前の総裁選で「改組」がうたわれていたはずだ。誰のため何のための規制改革か、と問わざるを得ない。

（日本農業新聞　2024年4月17日）

筆者は市場原理主義者を蛇蝎のごとく嫌う立場だが、この国に何と彼《か》の病におかされし者の多きことか。本コラムの「紅麹青かび」問題も、始まりは安倍政権による規制緩和、産業競争力強化路線だった。時あたかも、今日（2025年2月6日）大阪高等裁判所で、森友関連で自殺した財務官僚をめぐる財務省公文書の不開示決定が取り消された。石破政権になったからできた決定だろうが、安倍政権時代のイケイケどんどん路線は、いろいろなところに歪みをもたらしていた。

第四章　食料安全保障の確立と基本法改正の道のり

経済安全保障と食料——食料安全保障を忘れるな

２０２２年2月25日に経済安全保障推進法案が閣議決定され、３月17日に国会で審議入りした。新しい資本主義の実現と並ぶ岸田政権の目玉政策であり、その内容が注目されていた。規制対象と目される経済界を中心に懸念の声もあるようだが、新型コロナウイルスやロシアのウクライナ侵攻など想定外の事態を前に、安全保障は国政の最重要テーマだ。弱肉強食の国際社会の中で自国の領土と国民の生命をいかに守るかは国家最大の任務であり、本法案が大きな武器になることを期待したい。

本法案は、国が策定する基本方針の下で、①特定重要物資の安定供給②基幹インフラの安定提供③先端重要技術の開発支援④特許出願の非公開——の４本柱から構成される。①の特定重要物資は、「国民の生存に必要不可欠なもしくは広く国民生活もしくは経済活動が依拠している重要な物資（以下略）」として政令で指定するとされている。指定されると、主務大臣が安定供給確保取組方針を策定し、この方針に従い事業者が、単独または共同で供給確保計画を策定し主務大臣の認定を受ける。

認定を受けた事業者には、政策金融公庫などの金融支援や中小企業信用保険法など中小企業法制上の特例措置が講じられる。

ここまではよくあるスキームだが、本法案ではこの他に「特定重要物資等に係る市場環境の整備」という一節があり、「公正取引委員会との関係」と「関税定率法との関係」が規定されている。前者は、特定重要物資の供給確保計画を事業者が共同して策定する場合の独占禁止法制との調整を想定したものだろう。国家存亡の時に業界が挙げて国策に協力する行為が違法カルテルに該当しないよう担保する条文だろうか。

後者は、輸入関税に関する措置である。もともと関税定率法には、相殺関税、緊急関税などの特殊関税の仕組みが存在し、一定の要件に合致すれば、輸入制限的な関税を課すことができる。だが、現実にはこの規定の発動は極めてハードルが高く、農産品では20年前にネギ、生シイタケ、畳表（イ草）に発動されただけである。本法案では、安全保障上必要な場合に、主務大臣が特殊関税の課税手続きの前提となる調査を行うよう求めることができることとされている。また、これらの措置のみでは特定重要物資の安定供給確保が実現できない場合には、さらに備蓄その他の措置を講ずることとされている。

以上が本法案の概要だが、食料は特定重要物資に指定されるだろうか。条文を読めば「国民の生存に必要不可欠な物資」として指定されない理由はなかろう。物資の指定は政令で行われるので、現時点では未定、というのが公式見解だろうが、どうやら食料は対象外らしい。いわく、「食料・農業・農村基本法に食料安定供給の確保の規定も備蓄に関する規定も存在する」「食糧法に、米麦についての国家貿易の規定も米の備蓄や緊急時の措置に関する規定も存在する」など。果たして今後どうなるか国会審議で明らかになるだろう。

一方で、自民党では、食料安全保障に関する検討委員会が設置され、軌を一にして農林水産省でも食料安保に関する省内検討チームが設置された。ロシアのウクライナ侵攻を契機に、わが国の地政学的リスクが再認識されている現在、食料安全保障について議論を深めることは時宜を得たものである。理念法・基本法である食料・農業・農村基本法には具体的な措置は書かれていないし、食糧法で緊急時の規定があるのは米だけだ。生産基盤たる農地や担い手をいかに維持確保していくのかなど、食料安保上の課題は多い。国民の生存に欠かせない食料の安定供給確保に向けた真剣な議論と実行可能性のある措置を期待したい。

（Agrio ３９５号　２０２２年３月23日）

経済安全保障推進法の特定重要物資から食料が外れたのは何ともお粗末だった。心機一転３年後に、基本法改正とともに食料供給困難事態対策法を成立させた農水省に敬意を表したい。いつの時代も経済界中心の政権構造の中で、食料・農業・農村が置き去りにされないよう監視し続けることが必要だ。

食料安全保障の道のり——真剣な政策提案へ一票を

今日で通常国会が閉幕する。150日間に及ぶこの会期で、2022年度政府予算は異例の速さで成立し政府提出法案も順調に審議が進んだ。昨年来の輸入物価高騰などに対応するための予備費事業と補正予算まで仕上げたのだから、政府与党としては及第点だろう。ただ、新型コロナウイルスではノーマスクのウィズコロナが常識となった諸外国に比べ、今なお新規感染者が連日速報され多くの国民が何となくマスクを着け続け、各種懇親会にも及び腰にならざるを得ないようなわが国のリスク対応は正解なのか。さらに、2月末からのロシアによるウクライナ侵攻で、わが国の地政学的リスクを再認識させられることとなった。

1999年の食料・農業・農村基本法制定以降基本計画策定のたびに食料自給率目標が議論され、異常事態を想定した「不測時の食料安全保障マニュアル」や「緊急事態食料安全保障指針」などが策定されてきている。それでも、今般のウクライナ事態に直面し、既存のマニュアルや指針の実現可能性に疑問符が付きかねない状況だ。こんな時代だからこそ、諸般のリスクに正面から向き合い、食料自給率37%の持つ意味を改めて正面から考え直す時ではないだろうか。食料安全保障を巡るさまざまなリスク分析を行った上で、必要となる施策の早急な具体化が求められよう。

現在議論かまびすしい2022年産需給や水田活用の直接支払交付金（水活）などの米政策の議論も、生産数量目標780万トンを巡る生乳需給の議論も、平時の国内市場を前提とした閉じた世界での政策論議に終始している感が否めない。世界に目を転ずれば、昨年来の価格高騰に加えて、このままでは円安の日本経済にとって必要な物資調達すら難しくなりかねない、いわゆる「買い負け」の状況だ。国内には耕作可能な水田も搾乳可能な経産牛もたっぷり存在するのだから、減産（反）や在庫処理に財政資金を使うよりも国内資源の有効活用に資する食料安保施策に支出する方がよいに決まっている。

来月には参議院選挙が行われる。公約合戦になれば、みんなが耳触りの良い話しかしなくなるが、ここは立ち止まって財源論や実現可能性も含めて熟慮する必要がある。5年連続水張りしない水田に水活を出さないと言い出した政府への批判がやまないようだが、かといって水活を法制化するという野党の訴えもそのまま信じてよいものか。農業者戸別所得補償の法制化を言い続けて結果を出せていない過去をどう総括するのだろう。財源は国債だと言うが、水活に加えて過剰な主食用米にあの10アール当たり1万5000円の戸別所得補償も行うというのでは、「無駄を省けば16兆円の財源が出てくる」と主張し、結局土地改良予算の63％削減に終わった13年前のデジャブ（既視感）のようだ。

わが国が置かれた国際情勢や世界の食料需給に正面から向き合い、国民を飢えさせないためにはどんな政策が必要で、それにはどれだけの財源が必要なのか、その政策により国内農業・農村はどう変化するのかなど、真剣な議論が求められる。全耕地でサツマイモ・ジャガイモを作付けし所要カロリーを確保するという机上の計算も結構だが、そんな事態を招かないように、輸入先国の多元化や備蓄の品目・量の拡充、輸入農産物から国産への代替の促進など、金はかかるが平時にやっておくべきことが山ほどあるはずだ。こんなことをよく考えながら、食料・農業・農村をわが事として真剣に考えてくれる候補者に一票を投じることとしたい。

（日本農業新聞　2022年6月15日）

選挙のたびに甘い誘惑が大安売りされる。「公約」が「マニフェスト」に名前を変えてもその本質は変わらない。特に農政の中でも難しい政策課題である米政策については、与野党あげてバラマキ合戦になりがちだ。昨秋の与党過半数割れの衆議院選挙でも、米政策が大きな争点になった。幸い今度ばかりは、選挙に敗れた与党が政府を督励して、背水の陣を敷き水田政策の見直しを打ち出した。2027年産からのしっかりした政策体系が構築されることを信じている。

食料安保のための政策転換（上）――価格支持を直接支払いへ

前回（2022年7月6日）、前々回（2022年6月15日）と2度にわたり食料安保の重要性を訴えてきたが、これからの政策展開のためには具体論が必要だろう。政策転換の必要性と目指すべき方向について、2回にわたり私論を展開したい。

そもそもこれまでの政策体系は、農産物貿易における国境措置を厳格に管理し、輸入農産物が国内市場に無秩序に流入することを抑制した、いわば「閉じられた国内市場」を想定していた。その上で、国内市場で需要と供給のバランスを取ることにより、農産物価格を安定させ、もって生産農家の所得を確保しようという政策だった。

この前提条件を維持するために、米、麦、乳製品、牛肉、豚肉、砂糖などいわゆる重要品目と称される主要農産物については、１９６３年のガット11条国移行後においても、数量制限、関税割当、国家貿易、差額関税や抱き合わせ関税、内外麦コストプール方式などさまざまな制度や知恵を使って国境措置を維持してきた。

ケネディラウンド、東京ラウンド、ウルグアイラウンドなど数次にわたるガットラウンド交渉においても、実質的な国境措置が維持されてきたこれら重要品目に転機が訪れたのは、環太平洋連携協定（ＴＰＰ）交渉だった。従来通り重要品目について厳格な国境措置を維持することを求めた国会決議もむなしく、２０１５年10月のＴＰＰ大筋合意により米を除く他の重要品目についても最長21年という経過的期間や新たなセーフガード（緊急輸入制限措置）は設けつつも、関税の大幅削減や無税枠の設定といった交渉結果を受け入れざるを得なかった。

同時に措置されたＴＰＰ国内農業対策において、加工原料乳生産者補給金の対象生乳の拡大や加糖調製品への調整金賦課といった改善策が講じられたのは僥倖《ぎょうこう》ではあったが、時の経過とともにＴＰＰ合意に基づき関税は確実に下がり始めている。

例えば、輸入チーズ関税逓減《ていげん》によりプロセスチーズ原料用の輸入ナチュラルチーズと国産ナチュラルチーズの抱き合わせによる国産チーズ消費の下支え措置は、早晩効かなくなることは明らかだ。最終関税率が９％となる牛肉も、畜産クラスター事業などＴＰＰ国内対策によりわが国畜産業の生産性向上を実現しようという取り組みは継続しているが、残された期間で当該水準までコスト削減が可能かは疑問が残る。

このようにTPP合意により中長期的とはいえ関税削減が避けられないこれらの重要品目については、国境措置で輸入抑制するという政策的前提が崩れた以上、従来型の価格政策によるのではなく、直接支払いによる再生産の確保にかじを切るべきだろう。

では、TPPでも関税が削減されなかった米については、現行の需給調整政策のままで事足りるのか、と言えば、そうもいかないのだ。国家貿易制度とミニマムアクセス（最低輸入機会＝MA）米の非食用処理に膨大な財政資金を投じて主食用米市場への輸入米の流入は何とか阻止されているが、その主食用米市場の縮小はとどまるところを知らない。1人当たり年間米消費量は1963年の118キロをピークとして、直近では52キロまで、半減以下の水準に落ち込んでいる。

このまま、「閉じられた国内市場」での需給調整を継続すれば、これまた莫大な財政資金を使いながら、瑞穂《みずほ》の国のこの美田の過半に適地適作とは言い難い他作物を植え続けるという政策を続けざるを得ない。1969年の稲作転換緊急対策以来、半世紀を超えて継続されている需給調整政策に未来はあるのだろうか。これらに代わる政策の方向性について、次回お話ししたい。

（日本農業新聞　2022年7月20日）

食料安保のための政策転換（下）——直接支払い議論に本腰を

前回は、国境措置を前提とした価格維持のための需給調整政策の限界を論じた。結局、環太平洋連携協定（TPP）により関税削減を免れた米でも、関税削減を受け入れたその他の重要品目でも、国内市場における需給バランスを取ることに主眼を置いた従来型の政策体系を維持する限り、適地適作や経営判断に基づく作物選択といった望ましい農業構造や営農形態からはかけ離れた状態が続かざるを得ない。しかもそこには、多くの農業者の閉塞感と莫大な財政資金の投入という現実が付きまとう。

では、どうすべきか。昨年〔2021年〕来の輸入原材料・燃料の価格高騰やロシアのウクライナ侵攻で顕在化したわが国の地政学的リスクなどを踏まえれば、「閉じられた国内市場」での需給調整による価格維持ではなく、平時から国内に賦存する資源（水田、畑、牧草地、搾乳牛、繁殖牛・豚など）を十全に活用して国内生産基盤を肥培管理・維持培養することで、有事に備える方向に政策転換すべきだ。

もちろん従来の需給調整政策から生産基盤の確保・増産にかじを切れば、国内需要を上回る生産能力が存在することとなる以上、国内の農産物価格の低下は避けられない。だが、そこにこそ政策支援の出番があるわけで、価格低下という懸念を直接支払いで支える仕組みが必要となってくる。

直接支払いと言っても十数年前の農業者戸別所得補償のような代物であってはならない。飯米農家を除く全ての稲作農家に一律10アール1万5000円をばらまき、農家負担なしで価格低下分を全額国費で負担したあの政策の負の遺産については改めて言うまでもない。この負の遺産を反面教師とし、既に欧州連合（EU）などでも導入済みの有効な直接支払制度を構築することが必要だ。対象作物や対象者の範囲、直接支払いの水準、そして財源など、検討すべき課題は山積するが、それらを精査してこそ、国民の納得が得られ、食料安全保障に資する持続可能な直接支払制度が可能となるのだ。

食料安全保障への貢献度に応じた対象作物の選定、人・農地プラン上の位置付けの有無や年齢階層による支援水準の傾斜設定、新規就農者や法人経営への配慮などきめ細かい制度設計を行うことで、所得確保という一義的な効果に加えて、構造政策や経営政策など他の政策目標の同時達成も可能となろう。みどりの食料システム戦略のＫＰＩ（数値目標）などとのクロスコンプライアンスも必要だ。

この政策転換には、副次的効果も存在する。農産物価格低下による消費者家計への好影響・実質可処分所得の向上はもちろん、安価となった国産農産物には輸出可能性が高まるだろう。また、国内食品産業界にとっても、高騰傾向にある輸入原料農産物から相対的に安価となる国産への代替促進が期待できる。言わずもがなだが、国内生産基盤の拡大、輸出の増大、輸入原料農産物の国産への代替などは、全て食料自給率の向上につながっていくものだ。

最後の難題は財源だ。政策変更に伴いどれだけの追加財政需要が必要かを精査した上で、国家財政の中での優先順位付けを待つこととなる。来年度予算のシーリング（概算要求基準）が決まり、いよいよ夏の概算要求取りまとめの時期だが、昨今の安全保障論議の中で、防衛費２％論や経済安全保障を旗印にした半導体工場支援、医薬品原体の国産化など、莫大な財政資金を投入する話が俎上《そじょう》に登っている。命をつなぐ食料をいかに確保するかという食料安全保障に勝る優先課題はないと信じている。

（日本農業新聞　２０２２年８月３日）

書生じみてはいたが、食料安保に資する政策提案を２回にわたり記述した。幸いその方向性は、基本法改正やその後の基本計画策定、更には先般公表された水田政策の見直し方向にも好影響を与えたと自負しているが、読者諸賢の判断を待ちたい。

基本法の検証始まる――大胆で有効な政策体系を

10月は会計年度の後半が始まる月だ。企業・団体も行政も、年度の半分を終えたところで、年度目標に対する進捗《しんちょく》状況を振り返り、足らざるを補い過剰を排し、年度末における目標達成に向けた反省と熟慮、そして軌道修正を行う好機である。食料・農業・農村政策においても、この時期大きな動きがみられた。

9月は、例年、来年度予算の概算要求について財務省との予算折衝が開始される月だが、今年〔2022年〕は、昨年来の諸物価高騰、2月のウクライナ侵攻など激動の中で、カレンダー通りの予算編成が始まる前から、既に断続的な対策が講じられている。4月の総合緊急対策で補正予算や予備費を活用した配合飼料対策、輸入小麦等食品原材料価格高騰対策が講じられたことに加えて、9月9日には、官邸の物価・賃金・生活総合対策本部で追加的な対応策が打ち出された。食料・農業関係では輸入小麦の政府売り渡し価格の実質据え置き、肥料・飼料高騰対策の継続、食品ロス削減とフードバンク支援などがうたわれている。これらを含めて、現下の食料・農業課題に対処する諸施策を、首相が10月末の取りまとめを指示した総合経済対策にしっかりと位置付け、来たる補正予算での財源の獲得が必要だ。

また、同日に開催された食料安定供給・農林水産業生産基盤強化本部で、首相から農相に、食料・農業・農村基本法の見直しが指示され、これを受けて、9月29日に、農水省において、食料・農業・農村政策審議会が開催された。従来の企画部会などの既存部会ではなく、新たに「基本法検証部会」が立ち上げられたことに、農水省としての本気度がうかがえる。政府の審議会と並行して与党でも、2月に設置された食料安全保障に関する検討委員会において、政府側の検討状況をフォローアップすることとなるようだ。

これまでの5年ごとの食料・農業・農村基本計画の策定作業においても、政府の審議会と与党の部会・調査会での議論が並行して行われるのが常ではあったが、財政状況や毎年度の予算制約などもあり、ともすれば着地点を見据えた現実的な議論になりがちだった。また、民主党政権下の農業者戸別所得補償制度や安倍農政における「奇妙な農政改革」のように、政治主導で結論ありきの政策選択が行われ、審議会も与党もこれに引きずられる、といった苦い経験もあった。

今般の基本法の検証作業は、法制定後20年余で初めて行われるものだ。わが国の食料・農業・農村を巡る情勢は、法制定時に想定したものから大きく変化している上に、新型コロナウイルスや原材料・燃料価格の高騰、価値観を共有しない国々の力による現状変更の試みなど、世界の政治・経済・社会システムは危機に直面している。食料システムについても、平時の安定した国際貿易を前提とした供給体制がいかにもろいものかが明らかとなった。このような環境の中で、1億2000万人の国民を飢えさせず、国土の8割を超える農山漁村地域の存続を図るためには、どんな施策が必要で、それに必要なコストはどの程度かを真剣に議論すべき時だ。

経済安全保障上の重要物資として、半導体や医薬品原体などの国内供給体制整備が急務のようだ。かつて「産業の米」といわれた半導体ももちろん大切だろうが、国民の命をつなぐ本当の「米」、すなわち「食料」の安定供給こそが何より重要であり、その実現のために、タブーのない議論を行い、大胆で有効な政策体系を実現してほしい。

（日本農業新聞　2022年10月5日）

2022年9月、ついに基本法改正に向けた検証作業のスタートが切られた。新型コロナ、ロシアによるウクライナ侵攻などかつてない食料をめぐる環境変化の中で、食料安保確立のためには、基本法の改正が不可欠だった。その後2年近い各界各級での議論を経て、2024年5月法改正が実現した。

補正予算が閣議決定――食料安保にも積極投資を

10月末に「物価高克服・経済再生実現のための総合経済対策」が閣議決定されて以降、補正予算の金額がどうなるか、関心を持って過ごしてきた。一般会計歳出総額については、かなり早い段階から29兆円という数字が報道されていた。与党調整の舞台裏の報道を通じ、当初20兆から26兆、そして最後は29兆と、積み増しされた経緯が明らかになった。したがって、残る関心事項は、農林予算にどれだけの金額が積み上がるかだったのだが、さて、結果はどうであろうか。

農水省が閣議決定と同時に公表した「令和４年度農林水産関係第２次補正予算の概要」によれば、農林水産予算総額として８２０６億円が計上され、このうち食料安全保障構造転換対策として１６４２億円が措置されている。肥料の国産化・安定供給確保、飼料自給率の向上、国産資源の肥料利用、グリーン化による生産資材の低減、食品企業の原材料調達安定化、などの各種施策について、それぞれ１００億円単位での予算付けが行われた。従来にない新たな食料安全保障確立のための構造転換施策として、それなりの規模で予算措置が行われたのは刮目《かつもく》すべきことだ。

ただ、同じく安全保障の範疇《はんちゅう》でいえば、経産省が公表した「経済産業省関係令和４年度補正予算案のポイント」には、重要物資サプライチェーン強靭《きょうじん》化支援事業が９５００億円、ポスト５G情報通信システム基盤研究開発に４８００億円、先端半導体国内生産拠点確保に４５００億円など、それこそ「桁違い」の金額が計上されている。半導体などと並んで国内製造体制の整備が求められていた医薬品についても、ワクチン生産体制強化のためのバイオ医薬品製造拠点整備に１０００億円の他、厚生労働省予算にも海外依存度の高い抗菌薬原薬等の国内製造体制構築の支援として５５３億円が計上された。これらは、いずれも経済安全保障推進法上の特定重要物資に指定予定の品目の国内製造供給体制の整備を図る予算だろう。

それに対し、食料の国内供給体制整備には、先述の食品企業の原材料調達安定化に１００億円が計上された他、今後の需要増が期待できる国産チーズや生クリームへの製造ライン転換のための支援として、製粉業、製糖業分も含めて９５０「百万円」（９５０「億円」ではなく9億５０００万円）が計上されているくらいだ。職業公務員を長く経験した者として、霞ケ関の各省庁予算にはそれぞれ歴史的経緯や背景があり、また、特定財源の存在や特別会計の有無など、単純に横並びで比較できるものではないことは十分承知している。しかしながら、今般の補正予算における安全保障関連の施策の取り扱いについては、半導体やレアメタル、医薬品などと食料との間にはあまりにも大きな違いがあることに驚きを禁じ得ない。

例えば、わが国の酪農・乳業は、輸入飼料価格・エネルギー価格の高騰により経営コストが増嵩《ぞうすう》する中、新型コロナ禍による需要減少など、需給両面で極めて厳しい状況にある。積み上がった在庫対策としての調整保管に7億円、また、需給調整のためとはいえ減産のための経産牛淘汰《とうた》に50億円が計上されたことは意義あることなのだが、国内に賦存《ふぞん》する資源を最大限活用し生産基盤を涵養《かんよう》するという食料安全保障施策のための前向きな投資が行われることも必要だ。報道によれば日本を代表する大企業が集まり出資する半導体工場などに数千億円規模の財政投入が行われるそうだ。国民に乳製品を安定供給するための最新の生乳処理工場なら、２００億円もあれば実現するのだが。

（日本農業新聞　２０２２年11月16日）

今やニュースでよく取り上げられ有名になった北海道の半導体工場建設の主体となるラピダスを初めて取り上げたコラムだ。その後連年の補正予算や当初予算などでこのラピダスや熊本県のＴＳＭＣ（台湾積体電路製造）への財政支援予算額は数兆円に達するようだ。繰り返しになるが、安全保障の要諦は食料の確保のはずだ。

安全保障に注目の一年――防衛費増額、食料に影響は

例年になくざわついた年の瀬のようだ。それもこれも、〔2022年〕2月にロシアがウクライナに侵攻したことがきっかけだったか。予兆は新型コロナ上陸の頃から感じられた。世界同時発生の新型感染症により世界中で物流が滞り、当たり前だった自由貿易に疑問符が付いた。日々の暮らしや産業に必要な物資やサービスを、安価だからといって、面倒くさいからといって、輸入品や外国人労働者に頼り切ってきたこの国の経済社会に黄色信号がともった。駄目押しとなったのがロシアによる武力行使だ。

そんなわけで、今年は「安全保障」が政治や行政の最重要課題となった。経済安全保障推進法が5月に成立し、11月の第2次補正予算では「外交・安全保障環境の変化への対応」が5本柱の一つとなった。われらが食料安全保障についても、かつてない1642億円もの「食料安全保障強化構造転換対策」が講じられた。国民の命をつなぐ食料の安定供給の確保は国民の生命・財産を守る「安全保障」の大前提なのだから、当然のことだろう。

そして、最後が、12月に入ってから急展開した防衛予算の大幅増額を巡る財源問題だ。6月の骨太方針策定時から課題となっていた「北大西洋条約機構（NATO）諸国並みの国内総生産（GDP）2%相当額の防衛予算の実現」に向けてどう落とし前をつけるのか見ものだった。すったもんだの末に現在約5兆円の防衛費を2027年度には9兆円弱まで増額することとなった。

結果として、あちこちから財源をかき集めることとなった。一つ目は「歳出削減」、二つ目は「決算剰余金の活用」、三つ目は「防衛力強化資金」、四つ目が「増税」だ。この問題が浮上してから2週間ほど、メディアでは自民党税制調査会を巡る報道が連日取り上げられ、四つ目の増税をいかに処理するのかが大議論となった。法人・所得・たばこの3税の増税で決着したのだが、忘れてはならないのが、増税以外の選択肢の行方だ。

一つ目の歳出削減については、何か新しい政策を行おうとするときには、常に歳出削減、無駄を省け、ということになるのだが、毎年の厳しい予算編成の中で、どこにそんな「無駄」があるのだろうか。

かつて、当時の野党民主党が、無駄を省けば16兆円の財源が生み出されるというマニフェストで、政権交代を実現した2009年9月の総選挙だったが、その後3年3カ月の政権運営で、新たな財源が出てくることはなく、農水省は土地改良予算を削って米戸別所得補償を強行した。責任与党の自民党だからそんな無責任なことはなかろうが、だからこそなおさら、防衛予算以外の各省予算に歳出削減の厳しい荒波が押し寄せることは必定だ。

二つ目の「決算剰余金の活用」についても、従来は補正予算の大切な財源に充てられていたものだ。シーリング（概算要求基準）の天井をなかなか破れない当初予算と違って補正予算で一息ついてきた農林予算、なかんずく、TPP（環太平洋連携協定）関連対策に計上されている土地改良予算や産地パワーアップ事業、畜産クラスター事業などの継続に懸念はないだろうか。歳出削減や補正財源の枯渇により、大事な食料安全保障関連施策に支障を来すことがないか、心配でならない。

食料の安定供給、ひいては食料安全保障が最大かつ不可欠な安全保障のパーツであることは論をまたない。始まったばかりの食料・農業・農村基本法の検証作業の中で真剣に議論してほしい。一年間読者諸兄にはお付き合いいただき感謝する。来年こそよい年となることを期待して筆を置く。

（日本農業新聞　2022年12月21日）

防衛予算倍増構想が決着したのは2年ほど前（2023年）のことだ。あれからずいぶん経過したが、所得税増税の実施時期もまだ決まらない体たらくだ。食料安保も、基本法改正、食料供給困難事態対策法の制定など器は整ってきているが、是非中身（予算額）の充実もお願いしたい。

経済安保推進法と肥料——国産肥料への転換が急務

ロシアによるウクライナ侵攻から1年が経過するが、戦争が終息する気配はなく、安全保障を巡る危機意識はますます高まっている。そんな中、昨年（2022年）成立した経済安全保障推進法に基づく「特定重要物資」の指定が12月に行われた。半導体、永久磁石などの経済産業省所管物資が8品目、船舶部品（国土交通省所管物資）、抗生物質（厚生労働省所管物資）、そして肥料（農水省所管物資）の合計11品目である。

特定重要物資は、「国民の生存に必要不可欠なもしくは広く国民生活もしくは経済活動が依拠している重要な物資」として政令で指定される。以前も指摘したが、素直にこの条文を読めば「食料」が指定されない理由はないのだが、結果的に食料に関係する物資で政令指定されたものは、肥料だけだった。

今回指定された11品目については、昨年11月に閣議決定された2022年度第2次補正予算で手厚い支援措置が講じられた。経産省所管物資を中心に総額1兆円ほどの補正予算が計上され、早速、国内大企業8社による数千億円規模の最新鋭半導体工場の新設構想が動き出している。果たしてこんな大企業にこの予算措置が適用される必要があるか、はなはだ疑問だが、経済安全保障という錦の御旗の下でメディアも肯定的なようだ。

一方、肥料については、残念ながら近年農水省予算の中で十分な支援策は講じられてこなかった。肥料需給が比較的安定していたことに加えて、限られた財源の中で、米政策や経営安定対策など農業生産・経営に直結する施策に予算を割かなければならない事情もあった。ようやくこの補正予算で、肥料原料備蓄対策に160億円、国内における肥料資源の利用拡大のために110億円が講じられることとなったのは喜ばしいことだ。

耕種農業にとって、肥料は欠くことができない生産資材である。一昨年から始まった中国における肥料の輸出検査の厳格化と昨年のウクライナ事変をきっかけに、わが国の肥料の供給構造が大きく輸入に依存していること、かつ、その輸入相手国が隣国の中国の他、ロシア、ベラルーシなど紛争原因国ないしその友好国であることが明らかとなった。行政も含めたわが国肥料関係者やユーザーである農業者の驚きと安定調達への不安・懸念は極めて大きかった。かつての「農協改革」において自己改革として「生産資材等については、全農・経済連と他の調達先を徹底比較して（価格および品質）、最も有利なところから調達する」ことが政府により強力に求められた農協系統組織が、地政学的リスクを度外視してでも近距離で安価な中国産にシフトしてきたことも、今回の事態の遠因の一つだろう。

モロッコからのリン安の調達、カナダからのカリ輸入の大幅拡大など輸入相手先国の変更・多角化といった官民挙げての努力が実り、幸い現時点では、価格は高騰しているものの、調達不能という事態には立ち至っていない。しかしながら、今後の安定供給を万全のものにするためには、「農協の自己改革」で強要された過去の桎梏《しっこく》を排し、価格優位性といった短期的な利益だけにとらわれず、堆肥や下水汚泥、食品企業からの排水残さなど国内にある未利用資源を有効利用することが必要だ。肥料の輸入依存体質からの早急な脱却を図るべく、国も先月国内肥料資源の利用拡大に向けた全国推進協議会を立ち上げている。「喉元過ぎれば熱さを忘れ」がちな人間の性《さが》ではあるが、有事に備えて、関係者の理解と協力、そして実践が何より求められている。

（日本農業新聞　２０２３年3月15日）

「地産地消」「国消国産」の必要性は、農産物や食料だけではないだろう。肥料や飼料といった生産資材も同様だ。「奇妙な農政改革」当時、ＪＡ全農・経済連の殿様商売（現実にはそんなことはないのだが）の象徴のように指摘された「農協系統の肥料は高い」という論調は、結果としてカントリーリスクを無視した価格重視の原料調達を求めることとなり、今回の肥料危機の遠因となった。リスクを低減させるためにも、国内の肥料資源の活用が必要だ。

大詰めの基本法検証――適正な価格形成に向けて

ゴールデンウイークを過ぎると、通常国会が閉幕する6月に向けて、霞が関と永田町は大きな節目を迎える。6月には、今後の経済・財政政策の方向を示す「骨太の方針」が閣議決定され、これに付随して成長戦略や規制改革など各種の政策文書も決定される。その最終調整が行われるのが、この5月の連休明けからだ。与党政務調査会の各部会（農林部会など）も関心事項を政策決定に盛り込むべく活動を本格化させるし、各省庁も夏の幹部人事異動を控えて、与党や官邸と現行体制での最後の政策調整を行うのが常だ。

農水省にとって今年（2023年）の6月は、何といっても、食料・農業・農村基本法の検証作業をどのように政策文書として取りまとめるかが課題だろう。省幹部は昨年秋から始まった政策審議会基本法検証部会における中間取りまとめをどう決着させるか頭を悩ませているのだろう。

一方で、与党との議論はこれに先んじて進められているようだ。連休前にはブレークスルーがあったといううわさも耳にするが、本稿が掲載される頃には大筋が見えているかもしれない。

担い手政策や農地などの構造政策、水田活用やゲタ・ナラシなどの経営対策といった「おなじみの」課題にどんな解決策が示されるのか、多大なる関心が集まるだろうが、もう一つ忘れてはならない論点が、「適正な価格形成」だ。一昨年以来の輸入原材料・燃料の価格高騰により、世の中は石油ショック当時の狂乱物価以来の諸物価高騰の状況にある。特に多くを輸入に依存している燃料や肥料原料、飼料作物などの価格高騰は、この間の円安も相まってわが国農業に甚大な影響を及ぼしている。累次の肥料対策や配合飼料価格安定制度の緊急対策などで一定の影響緩和が図られてはいるものの、輸入価格は依然として高水準で推移しており、出口は見えてこない。

これらの生産コスト増加分は、交渉により川下の取引相手方に適正かつ円滑に転嫁していくことが求められており、政府も公正取引委員会、中小企業庁、各省庁などが連携して、ガイドラインの策定による啓発・普及の推進、優越的地位の乱用に関する監視の強化などに取り組んでいる。基本法の検証に当たっても、従来あまり日の目を見てこなかった「適正な価格形成」という課題に積極的に取り組んでほしい。

そんな中で、ゴールデンウイーク直前に、農水省で「畜産・酪農の適正な価格形成に向けた環境整備推進会議」が開催され、輸入飼料穀物価格高騰の影響が大きい畜産・酪農分野において、基本法の議論を待つことなく適正な価格形成に向けた取り組みが開始されたことは、評価したい。委員名簿を見るにいささか生産者サイドに寄りがちなきらいはあるものの、畜産・酪農、食品製造、食品流通、消費者団体の関係者が一堂に会し、意思疎通を図ることは、始めの一歩としては重要だ。

こちらも、6月をめどに中間取りまとめを行うようだが、くれぐれも拙速な議論により一方的な生産コストの強引な転嫁を求めることは避けるべきだ。本欄1月18日号〔「持続可能な食料システムを——消費者の理解が不可欠に」、本書143頁〕にも記載した通り、適正な価格形成が実現するか否かは、当該畜産物を使用して加工食品を製造する食品産業界や最終消費者の理解を得られるかどうかに懸かっているからだ。

たとえ、畜産・酪農経営との最初の取引段階での価格転嫁が行われたとしても、消費者の理解が得られなければ、結局は需要が縮小するだけだ。わが国の畜産・酪農が置かれた厳しい環境やそれを消費者に届ける食品産業の状況を消費者にしっかり理解してもらえるような取り組みとしてほしい。基本法改正に併せて効果的な法的措置も必要だろう。

（日本農業新聞　２０２３年５月17日）

基本法検証作業の本格化の中で焦点の一つに浮上したのが、「適正な価格形成」の議論だ。最終的に「食料システム関係者による合理的なコストの考慮」という形で基本法の改正も行われ今般の新たな食料システム法案へと結実したことは評価したい。本書「第九章　適正な価格形成をめぐる課題と展開方向」も参照してもらいたい。

地方意見交換会――適正な価格形成のために

食料・農業・農村政策審議会基本法検証部会の地方意見交換会が全国11カ所で行われた。〔２０２３年〕５月の「中間とりまとめ」や６月の「食料・農業・農村政策の新たな展開方向」をベースに、列島各地で対面形式により、地域の各界の代表者と審議会委員との間で率直な意見交換が行われたことは意義深い。並行して行われていた本件に関するパブリックコメントは既に締め切られているが、食料・農業・農村政策に関して国民から多くの意見が寄せられていると期待したい。先週には、

2022年度食料自給率が公表された。これらの動きを通じて、食料安全保障を巡る国民の関心が高まってほしい。

地方意見交換会では、自給率、多様な担い手、農地、経営安定対策、地域活性化など重要テーマがめじろ押しだったが、あちこちの意見交換会で話題となったのが「適正な価格形成」だ。農業者にとっては、一昨年〔2021年〕来の燃料・原料・飼料コストの上昇を生産物価格に転嫁し切れていない、という実感の中で、第2回基本法検証部会で早々に紹介されたフランスのエガリム法制度を巡る議論は、極めて魅力的に映っているのだろう。

意見交換会でも、どのような作物が対象になるのか、卸売市場など流通形態による違いはあるのか、消費者の理解をどう得ていくのか、国は何をしてくれるのか、などさまざまな意見や懸念が出されたようだ。「中間とりまとめ」でも「新たな展開方向」でも、具体的な制度の姿は示されておらず、「関係者の協議の場の創設」「コスト指標の作成」「消費者の理解醸成」「価格急騰時の対応」などの記述にとどまっている。農業者が期待に胸を膨らませる一方で、食品メーカーや卸・小売り事業者はきつねにつままれた面持ちかもしれない。

そんな農業者の期待に水をかけるわけではないが、需要と供給で決定される商品の価格メカニズムを冷静に分析すれば、「適正な価格形成」というきれいな言葉で言うほど、ことは簡単ではない。農業者にとって再生産に必要なコストが存在するように、食品メーカーや卸・小売りなど流通事業者にもコストは存在する。消費者には所得に応じた支払い可能な価格水準があろう。仮にそれらのコストを積み上げた結果がその商品の「適正な価格」だとして、その価格が、消費者の支払い可能な価格と合致する保証はない。その価格が代替商品と比べてあまりに割高であれば、消費者はその商品を選択・購入してくれまい。消費が縮小するだけだ。

この難しい問題を解く鍵は、いくつかある。すぐに思い付き、かつ、確実に効果があるのは、割安な代替商品の供給を停止させることだ。例えば、輸入品の関税を高くしたり輸入制限をかけたりすることだが、農産物貿易の国境措置がここまで脆弱《ぜいじゃく》化した今となっては、手遅れかもしれない。

次に考えられるのは、代替商品との差別化を図り、消費者に異なる商品であると認識してもらうことだ。品質・生産手法・容器包装・表示などの工夫で、代替商品にはない価値がある商品だと認識してもらえばよいのだ。有機農産物やアニマルウェルフェアに配慮した畜産物などは、その好例だ。

三つ目は、消費者に、「適正な価格」の意義を理解・納得してもらうことだ。国産農産物に凝縮されている農業者の汗と涙、それを原材料に作られた加工食品の安全性・品質・味・健康貢献、そして農業・農村の持つ多面的機能などの「物語」を、消費者に語り「共感」を得て、財布のひもを緩めてもらうのだ。

第2、第3の道を成就させるには、独り農業者だけではなく、食品メーカー、卸・小売りなど食料システムを構成する関係者が一丸となって、価値ある商品・サービスを提供するとともに、消費者に「エシカル消費」をしてもらうよう働きかけることが肝要だ。農業者の増嵩《ぞうすう》コストを第1次取引者に義務的に負わせて、この問題が解決するわけではないことを肝に銘じたい。

（日本農業新聞　2023年8月16日）

審議会での基本法検証を経て取りまとめられた「新たな展開方向」をベースに地方意見交換会が行われた。そこでは、「適正な価格形成」への意見が数多く提示された。本コラムでは、農産物の価格支持を求める陳述者の論調への警鐘を鳴らしたのだが、取りまとめられた改正基本法においてその方向が回避されたのは何よりだった。

内閣改造と基本法・秋の陣――食料安保の確立に向けて

先週内閣改造が行われ岸田改造内閣が始動した。総理の会見によれば、この内閣は、「経済、社会、外交・安全保障」の三つを政策の柱とし、「明日は今日より良くなる、誰もがそう思える国づくり」を目指すという。農政に関しても、新しい農相が任命され、食料・農業・農村基本法改正法案の来春の国会提出に向けて、いよいよ正念場を迎えることとなる。

食料・農業・農村政策審議会基本法検証部会の〔2023年〕5月の「中間取りまとめ」、6月の「新たな展開方向」の基盤強化本部決定、そして今月の審議会による農相諮問に対する答申と、ここ数カ月、政府はいくつもの政策文書を策定してきた。これらの文書により、今般の基本法改正の大きな方向は、おおむね明らかとなりつつある。これからは、この方向性に沿って、どのような政策を講じるのか、そのための法制度や予算、税制、金融支援などの諸施策はいかにあるべきか、そして最大の課題はその財源がいかほどであり、どのように確保していくのか、ということになろう。

8月末に取りまとめられ、各省庁から財務省に提出された2024年度概算要求は、114兆円余りと過去最大となったそうだ。夏の概算要求は各省庁の前年度の裁量的経費の削減額の3倍まで要求できる特別枠（本年度は「重要政策推進枠」の名称）が存在しているので、いわば「膨らし粉」で膨らんだ状態であり、この時点で予算額を論ずることにあまり意味はないかもしれない。今年〔2023年〕はそれに加えて、金額を明示しない形での「事項要求」が各省とも広範に用いられており、なおさら概算要求の全貌は見えにくい。事項要求も含めて実際にどれだけの規模となるのか、当の財務省でも測りかねているのではないだろうか。

今後5年間で予算額を倍増することが決定している防衛予算の増額部分や、今年設置されたがゆえに削減すべき前年度予算額が存在しないこども家庭庁予算では、多くがこの事項要求により処理されているようだ。今後年末の予算編成にかけて、限られた財源をどう配分して防衛予算倍増の道筋や異次元の少子化対策3・5兆円増の手形を落とすのか、見ものである。そんな中、われらが農林予算でも、シーリングのルール目いっぱい2兆7000億円の要求を行うとともに、食料安保、環太平洋連携協定（TPP）などについてしっかりと事項要求が行われている。

農水省が公表している「概算要求の概要」によれば、今年は従来の項目建てを一変して、6月の「新たな展開方向」に即した形に整理されている。四半世紀に1度という食料・農業・農村政策の歴史的転換点に立っている今だからこそ、食料安全保障環境の激変を直視し、たとえ不連続な形であっても、直接支払いや適正な価格形成、持続可能な農業・食品産業の実現のために必要な施策を構築し財政を投入すべきだ。

食料の安定供給は、冒頭の総理の目指す政策の３本柱の中でも特に「外交・安全保障」に密接に関わるものだ。これに携わる農業者が、「明日は今日より良くなる」と実感できる政策構築を期待したい。国は昨年来、防衛費の倍増や経済安全保障法の制定、異次元の少子化対策など莫大《ばくだい》な財源が必要な政治課題の解決に動いてきた。われらが食料安全保障も、その重要性において引けを取るものではない。霞が関の夏の幹部異動で、農水省は来年の基本法改正に向けて次官以下局長級のほとんどが留任する形となった。農政のプロである彼ら農水官僚と新任の大臣・副大臣・政務官が一丸となって、この食料安全保障の確立という政治課題解決に向けて前進してほしい。

（日本農業新聞　２０２３年9月20日）

食料安保と農地の確保——生産基盤の維持・培養を

今月〔２０２３年11月〕初めに、経済対策が閣議決定された。「デフレ完全脱却のための総合経済対策」と銘打たれ、内容も、所得減税から、成長投資、少子化対策とにぎにぎしい限りだ。所得減税に注目が集まり、今や与野党共に来たるべき解散総選挙を意識したバラマキモードのように見えるが、29兆円に及んだ２０２２年度補正に比べると対策の規模は半減している。コロナ禍で水膨れした財政を少しでも正常化しようと、減税に耳目を集めておいてちゃっかり規模は半減させた財政当局の作戦勝ちかもしれない。

われらが食料・農業・農村政策は、というと、残念ながら、「食料安全保障の確保」といった見出しを経済対策の中に発見することはできないが、「物価高から国民生活を守る」「経済の回復基調の地方への波及」といった項目の中に、粘り強く埋め込まれている。先週閣議決定された23年度補正予算でも、食料安保構造転換対策に2113億円と、昨年を上回る金額が計上された。

政府のこれらの動きと並行して、与党においては、9月以降基本法の改訂作業に向けて精力的な議論・検証が行われている。自民党の食料・農業・農村基本法検証プロジェクトチームの下に、「農業基本政策検討分科会」「農地政策検討分科会」「食料産業政策分科会」が設置され、本格的な議論が行われている。いずれ、来年3月には法案の閣議決定・国会提出の段取りだろうから、そこに間に合うように成案が得られるのだろう。

食料安全保障については、基本法本体とは別建てで新法を提出するという話も聞こえている。不測の事態に対応した食料の安定供給の実現のために必要な施策は、農水省だけで完結するものではない以上、緊急時の政府の体制整備も必要だし、農業者をはじめとする民間事業者の権利・義務に関わる措置を講ずるのなら、法整備が必要なのは当然だ。

一方で、そのような不測の事態に際して、現実に国民が必要とする供給熱量確保のために農業生産を誘導・拡大するにしても、そこに生産基盤たる農地が存在しなければ絵に描いた餅になってしまう。だからこそ、有事の法整備と同時に、平時から、農地を維持・培養しておく必要があることは自明のことだ。

今般の経済対策の中に、「産業立地円滑化のための土地利用転換の迅速化（経済産業省、国土交通省、農林水産省）【制度】」なる記述がある。まさか現在、北海道や熊本などで行われているような半導体工場新設のために、農地転用を円滑化しようなどではなかろうが、いささか心配だ。何しろ、農地制度は永遠の政策課題であり、いつの時代も、その方向性はともあれ、政策当局の頭を悩ませてきた。かつて高度成長期には、旺盛な工場用地や宅地需要への対応のために、国家的要請の中で農地の転用が余儀なくされた。その後も、規制改革や地方分権の美名の下に農相の権限が地方の首長に移譲され、結果として農地の減少に拍車がかかったのも事実だ。

今や、新型コロナやロシアによるウクライナ侵攻などの国際環境変化を踏まえれば、「農地を減らさない」という方向に異論はなかろう。地方自治体に委ねられている農地の確保に関する権限について、食料安保の観点から国の関与を大幅に強めるとか、「地域計画」内の農地の転用規制を強化するなど、目下政府・与党内で行われている議論は極めて当を得たものだ。半導体も大事だろうが、食料はもっと大事だ。農業生産の基盤である農地確保のために英知を集め、食料安全保障を強固なものとしてほしい。

（日本農業新聞　２０２３年11月15日）

食料安保の基盤である農地を維持確保することは、国策として重要なことだ。本コラムで記した通り、農地をめぐる四囲の眼は開発者サイドからのものばかりだ。熊本県のＴＳＭＣにより農地バブルが起きてしまったことは残念でならないが、改正基本法とともに成立した農業振興地域の整備等に関する法律の改正により、今後同様の事態が生ずることは何としても防ぐ必要がある。

基本法改正に向けた取り組み――関連法も含めた早期成立を

年末年始を挟み、自民党派閥の政治資金パーティーを巡るキックバック問題で、メディアはかまびすしい限りだ。もちろんあってはならないことなのだが、政治資金を巡る不祥事は何年かに一度繰り返され、われわれ有権者は「またか」という嘆息とともに、よくまあ手を変え品を変え新しい手法を見つけるものだ、と諦めに近い心境だ。

一方で、この国の官僚機構は政治に比べると優秀で、周りで何が起ころうとも霞が関カレンダーは正確に時を刻んでいる。今シーズンも、昨年〔２０２３年〕12月には税制改正大綱、政府予算案が閣議決定され、年明けには、各省庁の次期通常国会への提出法案が取りまとめられ、順次国会審議が求められることとなる。

憲法に認められている国会議員の不逮捕特権との関係もあり、月末の通常国会召集日までにはキックバック問題についても一定のけりがつくというのが大方の見立てのようだが、霞が関の関心は、既にその通常国会が果たして波静かに進むかどうかに移っている。万が一、3月末の予算成立を花道に内閣総辞職になれば、前内閣が提出した法案の審議はできないと、野党に格好の口実を与えることとなるし、さらに4月末の補欠選挙に合わせて衆議院の解散・総選挙ということになれば、法案は全て廃案の憂き目を見ることになってしまう。

農政については、一昨年から検討が進められてきた食料・農業・農村基本法の見直しに関連して、昨年の御用納めの前日に政府の食料安定供給・農林水産業基盤強化本部が開催され、「食料・農業・農村政策の新たな展開方向」に基づく施策の全体像が示された。また、「施策の工程表」「基本法の改正の方向性について」「具体的な施策の内容」といった政策文書が策定されるとともに、一昨年策定の「食料安全保障強化政策大綱」も改訂されている。

当該本部の資料によると、基本法改正案と並行して、幾つかの新法や改正法が準備されているもようだ。不測時の食料供給確保のため、政府の体制整備を行うとともに、農業・食料関係者へ必要な措置を講ずるための新法案、食料供給確保に不可欠な生産基盤である農地の総量確保と適正利用を図るための農地法等の改正案、担い手減少下でも営農継続が可能となるようスマート農業を推進するための新法案などが、次期通常国会に提出される見込みだ。これらの法案群は、基本理念や基本的施策を定める基本法と相まって、一体として食料安全保障の強化や国内農業・農村の持続的な発展に不可欠となる政策パッケージを構成するものであり、一日も早い国会成立が必要だ。

政策パッケージを財源面で裏打ちするのが、先に成立した2023（令和5）年度補正予算と、年末に閣議決定された2024（令和6）年度政府予算案だ。補正予算については、前年度補正予算に比べて全体財政規模が半減（29兆円↓13兆円）した中で、農林水産施策の予算規模はほぼ前年同額が維持された。令和6年度当初予算案では、何年ぶりかで予算規模が対前年度プラスとなるなど明るい兆しも見えている。それもこれも、基本法改正などにより、新たな農政展開を行うことへの政府の意気込みの表れだろう。その意気込みや大いによし、であり、一刻も早い政府予算案および関連法案の国会審議・成立が待たれるところだ。怪しい政局の季節風に流されることなく、国会が正常に機能することを祈っている。

（Agrio 483号　2024年1月10日）

振り返ってみれば、この国会（2024年通常国会）に基本法改正関連法案を提出し、成立を見たのは僥倖だった。このあとの総選挙で自公与党は過半数割れとなり、「たられば」の世界でいえば、今のような形での基本法改正の成立は難しかったろう。

基本法改正と食料システム――真の食料安保のために

昨年（2023年）夏から検討の場が立ち上がった農水省の「適正な価格形成に関する協議会」が、年末の12月27日に開催された。親協議会が2度開催されて以降、牛乳と納豆・豆腐に関するワーキンググループでの検討が継続されてきたが、その経過と今後の進め方について、協議会に報告が行われた。

結論から言えば、現時点で何らかの合意が行われ、来たるべき食料・農業・農村基本法改正などとパッケージで法整備が行われることとはならず、関係者間で議論が継続されることとなった。各論については百家争鳴のごとしだったが、食品産業界から協議会に参加している筆者としては、短兵急に成果を求めず粘り強く関係者の合意形成に努めるべきだとの愚見を申し述べた。

一方、同日に開催された政府の食料安定供給・農林水産業基盤強化本部では、食料・農業・農村基本法の見直しに関する方向性が決定された。基本政策の新たな展開方向に基づく施策の全体像が示されるとともに、「施策の工程表」「基本法の改正の方向性について」「具体的な施策の内容」などの政策文書が策定され、併せて、前年策定の「食料安全保障強化政策大綱」も改訂されている。

いよいよ基本政策の見直しも大詰めを迎え、これらの政策の方向性を踏まえて、月内に召集される通常国会で、関係法律の整備のための立法措置が講じられるだろう。基本法の一部改正を筆頭に、不測時の食料確保のための食料供給困難事態対策新法、食料供給に不可欠な生産基盤である農地の総量確保と適正利用を図るための農業振興地域整備法（農振法）等の一部改正法、担い手減少下でも営農継続を可能とするスマート農業推進新法、特定農産加工業経営改善法の一部改正法など、政策パッケージを構成する重要法案が提出される見込みだ。

今般の基本政策の見直しにおいて注目したいのは、農業や担い手に関する事項に加えて、行政が食品産業分野に本腰を入れようとしていることだ。冒頭の適正な価格形成に関しては残念ながら今次法案パッケージには間に合わなかったようだが、食品産業を含む食料システムの重要性は認識され、位置付けの明確化が図られるだろう。

農振法等においては、農業法人の経営発展のため食品企業が法人と連携して原料調達を行う場合などに、法人への出資の円滑化が検討されている。スマート農業新法でも、農業者と食品企業やサービス事業体などが連携して生産方式革新のための取り組みを行う場合に、農業者に加えて食品企業などにも税制・金融支援の道が開かれる見込みだ。

従来、国内農業振興の添え物のような扱いが続いてきた食品産業にとっては、その位置付けの明確化、農業との連携強化、施策の拡充など政策支援の対象となることは、大変ありがたいし、時宜にかなったものだ。有事における国民食料の確保であれ、平時の一人一人の食料アクセスであれ、農業生産現場だけの努力で完結するものではない。

生産現場から農産物を受け取り、これを保管・備蓄・処理・加工し、付加価値を付け、適時適切に消費者に届けるという一連の食品産業の機能が存在しなければ、真の食料安全保障は成立しないからだ。

農水省の組織改正においても、食品産業の原料調達安定化を支援する組織として、夏の概算要求段階では「国産切替推進室」なる国内農業目線の名称だったものが、最終的には「原材料調達・品質管理改善室」というまっとうな形に落ち着いた。この名称変更は大いに結構だが、関係者の頭の中でも「農業と食品産業は車の両輪」という意識がしっかり定着することが必要だ。

（日本農業新聞　2024年1月17日）

基本法検証と並行して立ち上がった「適正な価格形成に関する協議会」での議論については、何らかの成案を基本法改正に盛り込むことはできなかったものの、食料システムに関連する主要な条文が新設・拡充されることとなったことに関しては好影響を与えたろう。最終的には、今国会（2025年通常国会）に提出されている食料システム法案に、合理的なコストを考慮した価格形成と食料システムの持続可能な発展の2要素が盛り込まれることとなった。

生成ＡＩと行政――クリアな頭脳と暖かい心の両立を

年初来、株式相場の好調が続いている。昨年〔２０２３年〕春に新型コロナウイルスの感染症法上の分類が変更された後、インバウンド需要も回復し、実体経済はコロナ禍以前に復しつつある。日経平均株価は一貫して上げ基調にあったが、年明け後ついに１９８９年末のバブル期の最高値を更新した。直近の株高をけん引しているのは、国際的な半導体企業の好調さのようだ。生成ＡＩ（人工知能）用半導体大手の米エヌビディアの業績が先月下旬に発表され、市場関係者の期待はなおさら高まっている。

生成ＡＩがいかなるものかよく知らない身ではあるのだが、従来の検索機能とは格段にレベルが違うようだ。文字だけでなく、画像はもとより、動画の作成までお手の物のようで、生身の人間のお悩み相談までやってくれるらしい。もっとも、そんな身の上相談の回答に、わが身を委ねる気には全くなれないのだが。

お堅いお役所仕事の行政庁でも、ＡＩの活用は進んでいるようだ。ここ数年ですっかり霞が関でＤＸ（デジタルトランスフォーメーション）の優等生になったように見える農林水産省も早速、生成ＡＩの業務への活用を打ち出している。さて、生成ＡＩなるものが行政分野でどのように活用可能なのか、石器時代の行政官だった筆者には想像もできないが、紙と印鑑をベースにした無駄な手続きが多いお役所仕事から解放されるのであれば、国民にとっても行政にとっても悪いことではないだろう。

例えば、補助金の採択が恣意《しい》的にならないよう客観基準に基づくポイント制が導入されて久しいが、判断する担当官は、都道府県ごとの偏りはないかや、有力与党議員からの自薦他薦など、ポイントでは割り切れないいろいろな要素が頭をよぎり、決裁文書の筆も乱れがちだ。公平性の確保や、政治家への忖度《そんたく》までをも取り込んで、快刀乱麻の答えを出してくれるＡＩがあれば、担当官のストレスも解消しよう。

先月下旬、政府は食料・農業・農村基本法の一部改正法案、食料供給困難事態対策法案、農業振興地域の整備に関する法律の一部改正法案を閣議決定し、国会に提出した。昨年末に公表された「食料・農業・農村政策の新たな展開方向に基づく施策の全体像」に掲げられた改革パッケージを構成する５法案のうちの重要３法案だ。一昨年２月のロシアによるウクライナ侵攻以降、政府・与党を挙げて基本政策の検証・議論や財政当局をはじめとする関係方面との調整が行われた結果が、まさにこの３法案として結実したわけだ。

基本法案では食料自給率の取り扱いや国内農業生産の増大を基本とするかどうか、食料供給困難事態法案では私権制限が厳し過ぎないか、農振法案では農地所有適格法人への出資制限の例外とする業種をどうするかなど、さまざまな論点があったと聞く。何とか法案を成就させるべく、農水官僚による与党議員への粘り強い説明が繰り返されたことだろう。こんな時に生成ＡＩに「基本法農政の検証と見直し」と入力したら、あっという間に今回の３法案と遜色ない提案が行われたかもしれない。ただ、仮にそうだったとしても、検証プロセスと調整作業なしに、「ＡＩの言う通りですから」と法案を世に問うても、賛同が得られないことは言うまでもない。

行政に限らないが、関係者の利害調整、特に昨今はバーデンシェアリング（負担の押し付け合い）がもっぱらの行政による調整プロセスには、ＡＩの快刀乱麻は決してなじまない。こんな仕事をしたくて役人になったわけじゃない、と若いうちに公務を離れてしまうZ世代にとっては一見無駄とも思えるような政治や財政当局との調整プロセスこそ、みんなの納得感を高めていくためには不可欠だ。行政官たちの地道な努力を期待したい。

（Agrio　４９１号　２０２４年３月５日）

「多様な担い手」と「適正な価格形成」――長年の政策課題に大進展

足かけ３年の検討を経て、食料・農業・農村基本法の一部改正法案が国会に上程された。総理も出席して慎重審議が行われる重要広範議案に位置付けられたことから、衆参両院で可決・成立するにはもうしばらく時間を要するだろう。基本法の制定以来25年にして初めての改正であり、今後の食料・農業政策の指針となるべき重要な法律である。食料安全保障環境が厳しさを増す中、審議を注視したい。本稿では、紙幅の関係もあり、今次改正案のうち、関心が高いと思われる「多様な担い手」と「適正な価格形成」を取り上げたい。

多様な担い手を農政上どのように位置付けるかは、検討開始段階から大きな論点となった。今後30年で担い手が30万経営体にまで減少すると見込まれる中での今般の改正法の検討だったが、そもそも、そのような担い手像、農村像を前提としてよいのか、という議論が欠けていたのではないだろうか。

最終的には、与党の強い意向も働き、改正後の第26条第1項の「効率的かつ安定的な農業経営を育成し、これらの農業経営が農業生産の相当部分を担う農業構造を確立する」という現行規定は修正されなかったものの、第2項において、「地域における協議に基づき、効率的かつ安定的な農業経営を営む者及びそれ以外の多様な農業者により農業生産活動が行われることで農業生産の基盤である農地の確保が図られるように配慮する」との規定が新設された。従来の効率的・安定的経営中心の産業政策主導による農業構造ではなく、農村に多数存在する家族経営や半農半X経営など多様な担い手の存在を認め、彼らの活動により農業生産の維持と農地の確保が図られることが明文化されたことは評価できる。強い農業経営を育てる産業政策だけでなく、農地を維持し地域を活性化する地域政策の並行的推進が必要だ。

「適正な価格形成」については、一昨年（2022年）の審議会での検討開始段階で役所側からフランスの「エガリム法」の資料が提示され、農業生産者を中心に期待が盛り上がっていた。今般の改正法では、従来の市場メカニズムのみに信頼を置いた条項が修正・拡充され、改正後の第2条第5項で「食料の合理的な価格の形成については、需給事情及び品質評価が適切に反映されつつ、（中略）その持続的な供給に要する合理的な費用が考慮される」べきと規定された。併せて、価格形成には欠かせない消費者の理解醸成についても、新設された第23条において、「食料の持続的な供給の必要性に対する理解の増進及びこれらの合理的な費用の明確化の促進その他必要な施策を講ずる」と規定されている。

識者の中には一部、「需給と品質による価格形成」と「持続可能な合理的費用を考慮した価格形成」という相矛盾する概念を並べただけと批判する向きもあるようだが、まさに「市場メカニズム」と「持続可能性」の両者を止揚（aufheben）する施策が今後求められよう。一方で、合理的な価格形成の実現の鍵となる消費者の消費行動に関しても、現行の第12条の規定を大幅に拡充し、「食料の持続的な供給に資する物の選択に努めることによって、食料の持続的な供給に寄与」することが消費者の役割として明確に位置付けられた（改正後の第14条）。

今後は、国会審議で総理が「法制化も視野に」検討する旨答弁しているように、農林水産省に設置されている「適正な価格形成に関する協議会」での議論を継続・深化させ、しかるべきタイミングでの法制化と次期食料・農業・農村基本計画における施策の具体化が期待される。

（Agrio 499号 2024年5月8日）

波高い通常国会が閉幕へ ——改正基本法の今後に期待

〔2024年〕1月に始まった今通常国会も、いよいよ今週いっぱいで閉幕だ。長いようで短い150日間の会期だったが、こと農政に関しては、実り多い国会だった。制定以来四半世紀を経過し、四囲の情勢変化を踏まえて改正に至った食料・農業・農村基本法本体はもちろん、有事の食料供給困難事態への対応を定めた新法と担い手が減少する将来の農村社会を見据えた画期的な省力的スマート農業技術の開発を後押しする新法など合計5本の関連諸法が無事成立した。

株式会社の農地所有を解禁すべしという勢力から、農家所得を補償するような「適正な価格形成」を実現するべきだという勢力まで、多様な主張が行き交う衆・参農水委員会で、期日内に、マグロの法案まで含めて6本全ての内閣提出法案を仕上げることができそうなのも、霞が関農水官僚諸氏の努力のたまものだ。そんな苦労を知る身としては、あそこが足らないとかここがなっていないとか、学者先生のように難癖を付ける気持ちにはなれない。ましてや「基本法の改正は改革路線の後退だ」といった、国会対策や農政現場を無視するような暴論には与《くみ》しない。

改正基本法には食料・農業・農村の3政策分野それぞれで重要な改正事項が盛り込まれているが、本稿では食料政策について触れたい。

まずは、「食料システム」の定義付けだ。取引当事者として従来利益相反的な位置付けで捉えられてきた農業生産・食品産業・卸小売りの関係者に、消費者まで含めて、一連の縦系列の有機体を食料システムと定義付けたことは画期的だ（第2条第5項）。この国の食料安定供給を図る上で、これらの食料システム当事者は、産業の持続可能性という協調領域において、共に行動するべきことがうたわれている。

二つ目は、「合理的な価格形成」の条文修正だ（第2条第5項）。これまでの「需給事情及び品質評価」の反映という市場メカニズムへの信頼が揺らいでいる今だからこそ、「その（食料の）持続的な供給に要する合理的な費用が考慮」されるべきことがうたい上げられた意味は大きい。では、その実現のためには何が行われるべきなのか。食料の持続的な供給についての国民理解の増進とそれに必要な費用の明確化が例示されている（第23条新設）。これらについて、政府が施策を講ずることが明記された。

三つ目は、消費者の役割の明確化だ（第14条）。従来の「食料・農業・農村に関する理解を深め、消費生活の向上に積極的な役割を果たす」という漠然とした規定をより具体化・拡充し、「環境への負荷の低減に資する物その他の食料の持続的な供給に資する物の選択に努める」ことが消費者の役割として明確に規定された。地球環境も、アニマルウェルフェア（快適性に配慮した家畜の飼養管理）もお構いなしに、「安ければそれで良い」という姿勢ではいけないのだ。環境に配慮し家畜にも優しく、そして持続可能な価格でサステナブル（持続可能）な食料を購入することが消費者の責務として位置付けられている。

自由と資本主義のこの国で、消費行動は基本的には自由なのだが、行き過ぎた自由の先には、食料を供給する産業自体が消滅してしまいかねないことを、改めて思い起こす必要がある。政府は、来年3月の食料・農業・農村基本計画の策定に向けて、引き続き困難な調整を継続していくこととなろうが、今次法改正の理念を踏まえて、食料供給に欠かせない合理的な価格形成が可能となり、消費者も納得できる優れた食料システムの法的枠組みを実現してもらいたい。

（日本農業新聞　２０２４年6月19日）

改正基本法における食料政策に関する規定の拡充については、農水省当局の努力に大いに敬意を表したい。37年弱奉職した身である筆者としては、農水省の食料産業への思い入れのなさはよく承知している。農水省は常に農林漁業という一次産業の発展とこれに従事する農林漁業者の生活の向上が第一であり、食料産業は国内農林漁業の添え物のような存在であった。しかるに、そのような考え方で、消費者国民へ食料を安定供給するという食料安全保障を実現することは困難であり、今回の改正基本法で、初めて、食料システムが定義され、そこに政策の光が当てられた意義は大きい。

第五章　物価高騰と適正な価格形成

食料品価格高騰の一年――適正な転嫁のシステムを

師走も半ばとなり、今年〔2021年〕を振り返る機会が多い。新型コロナウイルス禍で窮屈な暮らしが続いた一年だったが、そんな中で目立ったのは、毎日口にする食料品価格の高騰だ。

初体験のコロナ禍に右往左往させられた世界経済も、今年に入りワクチン接種率の向上や医療提供体制の拡充などで、先進国を中心に回復傾向が顕著になった。ロックダウンや移動制限などで停滞していた経済活動も徐々に再開し、リベンジ消費なる言葉も生み出されるほど、消費需要は増大している。

一方で、国連気候変動枠組み条約第26回締約国会議（COP26）に見られるような脱炭素の潮流の中で、産油国と石油消費国の思惑が交錯し、原油価格は高騰を続けている。経済回復に伴う国際貿易の伸長により海上運賃も上昇し、米国のテーパリング（低金利政策からの脱却）への動きに反応した円安傾向も見られる。これらの事象は全て、食料輸入国であるわが国にとって厳しいものだ。

自給率15％の小麦の場合、残りの85％は農水省が国家貿易として輸出国から調達して国内製粉企業に販売する。その政府売り渡し価格は、小麦の国際相場と海上運賃そして為替に依存して決まるのだが、今年4月と10月の2度にわたり大きく引き上げられた。特に直近の引き上げは、２００８年の国際商品相場急騰時以来という19％の引き上げとなった。

また、油脂類の自給率はわずか３％で、大豆に代表される油糧作物はその大宗を輸入に依存しているが、こちらは国家貿易ではなく完全な民間貿易である。国が安定輸入に責任を持つ小麦でさえ先述の通りコストを反映させた価格引き上げを行わざるを得ないわけで、民間貿易に依存する食用油など大豆製品の価格引き上げもやむを得まい。

これら輸入農産物の価格高騰は、食品メーカーにとっては原料コスト高に直結し、さらに、工場稼働のための原油価格や電力料金の高騰も相まって、企業経営に大きな影響を及ぼしている。ここ数年台頭しているＥＳＧ投資（環境・社会・企業統治に着目した投資行動）への対応など中長期的コスト要因に加えて、足元の大幅なコスト増嵩《ぞうすう》は、企業努力だけでは吸収困難だ。そんな訳で、小麦粉、食用油、乳製品、パンなど広範な食料品の価格引き上げが現実のものとなっている。

家計をやりくりする消費者の視点からは、気が重くなる話ではあるが、だからと言ってコスト増をサプライサイドに一方的に押し付ける構造が続けば、食料システムのどこかにゆがみが生じてしまう。小売りサイドのバイイングパワー（購買力）を背景とした合理的な価格転嫁の拒絶や企業規模を背景とした取引先への負担の一方的な転嫁などは、公正取引の観点からも許されない。

そもそも、10年近くこの国では、消費者物価上昇率２％なる物価安定目標を定め、機能しない成長戦略や行き過ぎた規制改革、労使の間に政府が入り込んでのいびつな官製賃上げなど、奇妙な経済政策が推し進められてきた。それもこれも、デフレから脱却したはいいが、物価だけが上がり経済成長につながらず賃金も上がらないという、スタグフレーションスパイラルを恐れたものだ。

残念ながらまだその成果は現れていないが、物価上昇が企業収益の向上につながり結果として労働者の給与も上がり、物価上昇分を家計が吸収するという成長スパイラルの実現のためにも、適正で持続可能な転嫁が必要だ。まだ遅くはないので、「新しい資本主義」とやらで、今年の食料品価格の高騰を家計が吸収できるようなまっとうな経済・財政・分配政策を期待したい。

（日本農業新聞　2021年12月15日）

「農政岡目八目」のシリーズで初めて食料品価格高騰を取り上げたのがこのコラムだ。この年（2021年）は、現在まで続く輸入原材料・燃料価格高騰が本格化した初年である。筆者が現職（食品産業センター理事長）に就任した年でもあるが、物価高騰の波に大きな変化はなさそうだ。コラムではその後も物価高騰や適正な価格転嫁について取り上げているが、我々食品産業界も消費者との間に立ってなんとか頑張っている。

食料品価格と転嫁円滑化対策――政府の本気度を占う

昨年（2021年）6月から、食品企業・団体で構成される全国団体である一般財団法人食品産業センターに勤務している。当センターは、食品産業に係る諸課題の解決を通じて食品産業の健全な発展と食料の安定供給に寄与することを目的として、さまざまな活動を行っている。

中でも、食品製造業者と流通事業者との間の取引慣行に関わる調査は、1995（平成7）年から実施している主要業務の一つで、業界関係者の関心も高い。中小・零細事業者が大宗を占める食品製造業界にとっては、流通事業者の強大なバイイングパワー（購買力）による市場支配力といかに付き合っていくかが長年の課題だ。センターフィー（大規模小売店の物流センター使用料金）、協賛金、小売店への人員派遣といったメーカーへの負担など取引慣行に潜む諸課題について、アンケート調査を行うことで実態を明らかにしようという取り組みを、長年行ってきている。

この取引慣行に密接に関わる政府方針が、2022（令和4）年度予算案の閣議決定も終了し例年であれば霞が関中が御用納めモードとなっている年末の12月27日に、決定された。総理官邸で総理を筆頭に主要閣僚が並び、わが国産業界を代表する団体の長が招集された会議が同日開かれ、その場で「パートナーシップによる価値創造のための転嫁円滑化施策パッケージ」と題する政府方針が取りまとめられた。

タイトルだけでは何年か前の消費税増税時の転嫁円滑化対策と見まがうようだが、10項目から成る内容を見ると、昨今の円安や、原油価格、原材料価格などの高騰、人手不足による労働費の上昇の中で、これらのコストアップ相当額をきちんと川下に転嫁させていくことの必要性が訴えられている。この転嫁が円滑に行われることにより、特に中小企業の経営環境の改善が図られ、賃金への好影響も期待されている。転嫁円滑化の取り組みは閣議了解され、政府を挙げて関係業界に働き掛けていくこととされた。食料・農業の世界でも、関係団体に対して通知が発せられるとともに、特に食品メーカーと流通事業者の間での適正取引が推進されるよう、農林水産省からはガイドラインも策定・公表された。

今般の原油高や原料農産物価格の高騰は、他産業と同様に食品産業にも大きな影響を及ぼしているのだが、特に、食料自給率37％のわが国では消費カロリーの3分の2は海を渡って輸入されてくる。エネルギーや原料農産物本体の価格高騰に加えて、円安や海上運賃の上昇はさらなるダメージとなっている。食品産業界ではこれらのコスト増をできるだけ企業努力で吸収しようとしてきたが、昨年11月度の輸入物価指数が過去最高の対前年同期比45％増、企業物価指数も40年ぶりの同9％増という状況では、その対応にも限界がある。このため昨年来、小麦粉、食用油、乳製品、パン、砂糖などの価格引き上げのお願いをしてきている。

政府は閣議了解に基づき、毎年1月から3月までを「転嫁対策に向けた集中取組期間」と定め、所管省庁はもとより、公正取引委員会や中小企業庁も協力して、強力な支援・指導を行うようだ。これにより、今般の施策パッケージと農水省のガイドラインで示された食品製造業者と流通事業者の間の適正取引が実現し、価格転嫁が図られることが期待される。企業収益の向上につながり、結果として労働者の給与も上がり、物価上昇分を家計が吸収するという成長スパイラルの実現につながることを期待したい。

蛇足ながら、上述の官邸の会議にはなぜか、農林漁業団体が出席していなかった。よもや農林水産物については、価格転嫁が不要だと考えているわけではなかろうが。

（Agrio　387号　2022年1月25日）

本書130頁でも記したが、現在まで継続する価格転嫁と賃上げによる消費者家計の改善を目指す経済政策の出発点が、本コラムにある官邸の会議であった。消費者に身近な食料品においても、この健全なサイクルの実現が重要であり、農水省も今国会に新たな価格形成のための仕組みを含む食料システム法案を提出している。早期成立を期待したい。

物価高騰緊急対策が決定——国内産供給体制の整備を

世は、ゴールデンウイーク真っ最中だ。新型コロナウイルス禍で3度目となるこの期間だが、今年〔2022年〕はようやく、成田空港の出国ラッシュや東京駅の新幹線ホームの混雑も戻りつつある。

連休直前に、政府は原油価格・物価高騰等総合緊急対策を決定した。2022年度予算の予備費の活用とともに、財源不足分については今国会での補正予算の策定・成立を目指す旨明らかにした。当初は、7月に参議院議員選挙を控え会期延長が難しい中で、今国会における補正予算の成立までは難しかろう、との見立てもあった。仮に補正予算成立のために必要となる国会審議を強行すれば、未成立の重要法案の国会審議が先送りされ、廃案の憂き目に遭いかねないという懸念からだったが、連休明け2週間程度で法案審議を済ませ、その後に補正予算の審議を行うめどが立ったのだろう。予算委員会を長期間開くのは選挙前の与党にとってメリットはないが、短期間の予算審議で補正予算を成立させ、それを手土産に参議院選挙に臨む戦略ならあり得ることだ。

政治向きの話はともかく、今回の緊急対策には、昨年来の輸入物価高騰、円安、そしてウクライナ問題など、わが国経済社会に甚大な影響を及ぼしている諸課題に対処するための対策が盛り込まれている。当面予備費を活用して実施される対策のうち食料・農林水産関係では、751億円が計上された。昨年から顕在化していたところにウクライナ侵攻で事態が深刻化した化学肥料の調達先を多角化するための対策（100億円）や、同じく配合飼料価格高騰対策（435億円）などが計上されている。

今回目新しいのは、従来の経済対策では忘れられがちだった食品産業向けの対策が盛り込まれたことだろう。昨年来、主要輸出国での不作や海上運賃・原油価格の高騰などで、輸入の小麦、大豆、トウモロコシの価格は高騰している。そこに、ウクライナ侵攻で欧州の穀倉地帯が壊滅的打撃を受けたことで、今後の国際市況も上昇の一途をたどるだろう。このままいけば、食品産業の経営継続すら危ぶまれる事態となりかねない。価格高騰する輸入農産物から国内産への切り替えや新商品開発、消費拡大などに取り組む食品産業への支援策（100億円）が計上されている。

これらのコスト上昇要因については企業側が吸収すべく努力した上で、カバーしきれない部分を川下の取引先に転嫁し、最終的には消費者に価格上昇を受け入れてもらうことが本来の姿だ。政府も昨年末にまとめた「パートナーシップによる価値創造のための転嫁円滑化施策パッケージ」の推進など、従来にない強い姿勢で転嫁円滑化を進めており、効果が発現することを期待している。

一方で、このような緊急対策はありがたいのだが、単発的なカンフル剤だけでは、輸入品から国内産への切り替えは進まない。食品企業にとっては、原料切り替えに伴う機械・施設の入れ替えや加工製造技術の変更が必要だし、原料原産地表示への対応も手間がかかる。たとえ一時的な価格差補塡《ほてん》があったとしても、代替原料が合理的な価格で将来的にも安定供給される見通しがない限り、投資に踏み切れるものではないだろう。米粉など用途限定米穀制度が導入され「米粉推し」が始まって十数年たつが、当初想定された小麦粉からグルテンフリーの米粉への需要シフトがなかなか進まないことを見ても明らかだ。予備費や補正予算頼みではなく、業務用・加工用需要向けの国内産農産物の供給体制整備が必要だ。

（日本農業新聞　２０２２年５月４日）

本コラム以降、政府は何度も物価高騰対策を講じてきている。短期的には関係者の苦境を緩和するありがたい施策ではあるのだが、カンフル剤に過ぎないことに留意すべきだ。3年余続けられたガソリン価格高騰対策もようやく出口が見えてきた。総額8兆円とも見積もられる財政支出に見合う効果はあったのだろうか。国産農産物への切り替え促進についても、短兵急な話ではなく、品質・価格・数量の三位一体で持続されることが必要だ。

物価高騰への対応――激変緩和より根本対策を

参議院選挙戦も大詰めを迎え、各党とも最後の追い込みに余念がない。筆者の居住する東京都選挙区には30人を超える候補者が立候補し、さまざまな公約を掲げている。いくつかの質問に答えると自分にふさわしい政党を推してくれるアプリまで存在するというが、いずれにしろ貴重な一票、大切に使いたい。

選挙の争点の一つに物価対策がある。昨年〔2021年〕来の輸入原材料・燃料の高騰や今年に入ってからのロシアによるウクライナ侵攻により、特に食料品価格の上昇が耳目を集めている。昨年末の「パートナーシップによる価値創造のための転嫁円滑化施策パッケージ」公表以降、製造業などが原材料価格高騰を円滑に川下に転嫁できるよう政府全体で取り組みが行われてきた。1月から3月を集中取り組み期間として公正取引委員会、中小企業庁、物資所管省庁が連携して転嫁の推進を訴求するとともに、ゴールデンウイーク後には、公取委により物価上昇分の転嫁拒否が疑われる業種についての「優越的地位の濫用」に関する緊急調査も実施されている。普段は便乗値上げに厳しい公取委も、今回ばかりは本気で川下に対する転嫁円滑化を後押ししてくれているように感じられた。

食品メーカー側も、流通卸・小売りへの納入価格の引き上げが実現するよう、さまざまな機会に要請や説明を行っているし、川上の農業者側も、肥料・配合飼料・燃油などの高騰を受けて、市場で決まる農産物価格ではあるが、適正な価格転嫁を求める動きが顕在化している。通例前年度末までの価格交渉により通年一本で決定される生乳価格について、期中改定の動きがあるのもうなずける。

ところが、そんな状況に冷水を浴びせかねないのが、この選挙だ。とかく選挙公約というものは有権者に耳触りの良いものとなりがちだ。今回の輸入物価高騰に対しても、川上から川下への価格転嫁を進めるとともに、賃金上昇による労働者・消費者の理解を得ながら新たな価格体系に順応する形で日本経済を回していこうというまっとうな声は勢いを失いつつある。

代わって、多くの有権者受けする目先の物価抑制策が声高に叫ばれている。4月の総合緊急対策で拡充されたガソリン価格高騰対策としての1リットル当たりの定額支援がその典型だが、食料・農業分野でも肥料高騰対策や政府売り渡し麦価の工夫などが検討されているようだ。

そもそも、物価というものは経済活動の状況を示すいわば「体温」のようなもので、体調（経済活動）を反映した結果として事後的に認識されるものである。従って、体調不良そのものを治療せずに、体温だけを下げようとするのは対症療法に過ぎない。もちろん、激変緩和として解熱剤により体温を下げることはあり得るが、根本治療を行わず解熱剤を服用し続ければ、副作用が顕在化し、さらに体調を悪化させることになりかねない。

例えば、配合飼料価格安定制度における異常補塡《ほてん》基金が価格急騰時にのみ発動される仕組みであるのは、あくまで激変緩和としての機能を発揮するためである。この激変緩和策が発動されている期間を利用して、自給飼料への転換など新たな価格体系下での合理的な生産方式への移行といった行動変容を促すためのものである。

もちろん、短期的な激変緩和策を全否定するつもりはないが、その施策のコストと限界を十分認識した上で、食料の安定供給に向けた中長期的な根本対策を準備することを忘れてはならない。
（日本農業新聞　2022年7月6日）

本コラム執筆後3年近くが経過してるが、世の中の物価高騰対策を求める声はやまない。2025年度政府予算審議が行われている予算委員会においても、財源論を無視した野党の声高の主張が耳障りこの上ない。補正予算などでその場しのぎに続けてきたガソリン価格高騰対策もいまだに続いている。「脱炭素やSDGsに逆行するガソリン消費助長策ともいえる本対策に「はて？」と言える人間は誰かいないのか。

物価高騰対策、出そろう——物価に追い付く賃上げを

先週末、新たな総合経済対策が閣議決定された。「物価高克服・経済再生実現のための総合経済対策」との名称からも政権の物価高への危機感がうかがえる。A4判47ページにおよぶ政策文書で、全省庁の補正予算獲得に向けた思惑が盛り込まれた「霞が関文学」なので、理解するのは容易ではないが、文章編の後にゴシック体で書かれた施策・事業名とかっこ書きの省庁名を見れば、これらの施策・事業が今週末に閣議決定される補正予算案となることが想像できる。

食料・農業関係では、施設園芸に対する燃料価格高騰対策、畜産・酪農向けの配合飼料価格高騰対

策などの緊急対応に加え、中期的な食料安全保障も視野に入れた肥・飼料の国産化推進のための耕畜連携支援や肥料原料の備蓄なども示された。物価高騰を契機に食品企業や消費者に国産農産物を再評価してもらえるよう、原材料切り替えのための調達安定化対策や米粉の利用拡大、そして適正な価格転嫁推進のための消費者理解醸成対策なども盛り込まれている。

今回の対策で、9月の物価・賃金・生活総合対策本部で農水省が芽出しした項目は全て出そろったが、一つだけ記述がないのが、10月から実施されている輸入小麦の政府売り渡し価格の据え置きに対応する予算項目だ。輸入小麦は、米と並ぶ主要食糧として国が安定供給するべく、国家貿易という仕組みで政府が輸入し、これを製粉企業に売り渡している。今回、この未曾有の物価高騰の中で、政府が価格に直接関与可能な輸入小麦について、定時の価格引き上げを見送ったものだ。

高騰する国際市況の下で、消費者が欲する良質な輸入小麦を調達するには金がかかるわけで、国といえども、想定以下の価格で輸入小麦を売り渡し続ければ、いずれ帳尻が合わなくなってしまう。このため、今次の経済対策で何らかの対応が行われるのではないかと注目していたのだが。輸入小麦の売買は、米も含めて食料安定供給特別会計の中で行われているので、最終的には年度末に会計が閉じられるかどうかの問題ではあるのだが、あまり無理を続ければ、買い入れ予算が窮屈になるし、国産小麦の生産振興に必要な経営安定勘定への繰り入れにも支障が生じかねまい。

一方で、政府から買い受ける製粉企業にとっては、主原料の輸入小麦価格の据え置きはそれなりに意味があろうが、小麦粉製造に必要な電気代や運送経費などのコストは軒並み上昇している。民間流通に移行した国産小麦価格も、政府の関与がなく入札結果は「上げ基調」だ。菓子やパンなどの2次加工業者も、砂糖や食用油の値上がりで苦労している。政府による輸入小麦の売り渡し価格の据え置きが、小麦粉や小麦関連商品の価格の据え置きに直結するものではないことを川下流通業者や消費者に理解してもらう必要があろう。

今次対策では、食料・農業以外でも、ガソリン価格に加え電力やガスの高騰対策が講じられるなど、緊急対応が目についた。本来物価上昇に対しては、経済主体が、新たな価格体系の下で自律的に生産方式や流通システムの構造調整を行い、消費者が消費行動の変容を行う必要がある。最終的に消費者への円滑かつ適正な価格転嫁が実現するためには、上昇する価格体系の中で消費者が安心して暮らしていけるような所得向上対策が何より大切だ。

政権発足以来の金看板である「新たな資本主義」によって、就業人口の9割を占める雇用労働者（サラリーマン）の賃上げの実現を期待したい。

（日本農業新聞　2022年11月2日）

この時の政府売渡麦価の据置きは、多分に政治的な匂いがした。原料の相当部分を占める輸入麦の価格据え置きは製パン・製麺などの実需者にとっては確かにありがたかったろうが、本コラムにも書いた通り、その他のコストは容赦なく上昇する。本来ならそれらのコストアップを反映したスーパー・小売などへの納入価格の引上げが必要だが、川下小売りからは「政府売渡麦価が据え置かれたのだから、納入価格は変えられない」と主張され、消費者の理解も得られにくくなった。何とも後味の悪い施策だった。

持続可能な食料システムを——消費者の理解が不可欠に

暮れも押し詰まった昨年〔2022年〕12月27日、岸田文雄首相を本部長とする食料安定供給・農林水産業基盤強化本部で「食料安全保障強化政策大綱」が決定された。2022年度第2次補正予算をなぞったもので、あまり新鮮味はないが、基本法の検証作業が同時並行的に審議会で行われている以上、先取りすることもできまい。今後審議会での検討も踏まえ、政策大綱を具体化・肉付けしながら、最終的に成案を得て、来年の基本法改正に結実するのだろう。当面、6月とされている「食料・農業・農村政策の新たな展開方向」の取りまとめを待ちたい。

とは言いつつ、今回の政策大綱について一言触れたいのが、農林水産業とりわけ農業に関する記述に偏していないか、という点だ。文章表現はもちろんだが、文書作成者の頭の中がそうなっていないか、いささか不安だ。もともと農林水産省という名前の通り、この役所は農林水産業のことを第一に考えるのだが、食料の安定供給は、ひとり一次産業側だけでは完結しない。

一昨年の「みどりの食料システム戦略」策定の際には、一次産業のみならず、川下の食料産業や消費者までも視野に入れた食料システムを一気通貫の流れとして捉え、持続可能な食料システムの構築を考えたはずだが、今般の政策大綱には、残念ながら食料システムという言葉も概念も見当たらない。「適正な価格形成と国民理解の醸成」という部分にかろうじてその芽は見られるが、農業生産者と消費者の間には食料産業が存在し、この存在抜きに、消費者へのアプローチは完結しないのだ。

昨今話題に上る「エガリム法（フランスの一次産品価格転嫁円滑化法）」についても、担当官がフランスを訪れるなど検討が進んでいるようだが、農業・農産物における生産コストの価格転嫁にばかり躍起になると、食料システム全体としてはいびつになりかねない。

かつて、食糧管理法の時代に、生産者米価という概念があった。米の再生産を確保するため、生産者から政府への米の売渡価格の算定に当たって、長らく「生産費・所得補償方式」なる算定方式が用いられていた。農家の保護育成の観点からは合理的な価格決定方式だったのだろうが、そこには米の需要者側からの視点が欠落していた。価格が高くなれば、その商品の需要は減少し、代替可能な他の商品に需要が移る、という経済学的には当たり前の視点が抜け落ちていたのではないか。

結果として、需要者である川下の食品産業、外食、そして最終消費者の理解を上回る高米価政策によりもたらされたものは、米離れ、消費の減退だった。計画経済の国ではないわが国で、強制的に消費者の食料選択を規制することができない以上、また、農産物や加工食品の輸入関税障壁が効かなくなっている現状では、市場に耳を貸さない価格政策は消費者にそっぽを向かれ、政策意図とは裏腹に国産農産物の消費減退、輸入品の利用拡大につながりかねない。

農業生産者のコストの適正かつ円滑な転嫁は必要だ。だがその実現のためには、国産農産物を使って加工食品を製造する食品産業界や最終消費者の理解が不可欠だ。そのためにも、国産農産物や国内製造加工食品の背後に存在する、安全・安心・信頼といった物語性や多面的機能をしっかり消費者に理解してもらい、必要なコストを消費者に共に負担してもらうことが必要だ。そんな消費者への理解醸成運動があって初めて、「食料システムエガリム法」が成り立つのだろう。

（日本農業新聞　2023年1月18日）

2022年秋に農水省が審議会にフランスのエガリム法を紹介して以降、この議論の行方に大いに気を揉んできた。国産農産物だけを特別に価格統制の対象にするかのような議論では、上手くいかないことは明らかだからだ。その後、行政や関係者の英知を集めた協議会での検証・議論も踏まえて、食料システム全体としての合理的な価格形成が必要、という方向に進んだことに、安堵している。

食料システム検討会の行方――価格も経営・所得政策も

2年前から食品産業界に身を置いている。昨年〔2022年〕秋に食料・農業・農村基本法の検証作業が開始されて以降、食料安全保障や適正な価格形成、そして持続可能な食品産業の構築など、本業に関わる政策課題がさまざまな場面で取り上げられており、政府・与党への政策要望や会員企業・団体への情勢報告など、多忙な時間を過ごしている。

そんな中いささか旧聞に属するが、8月に農水省は、食品産業に関連する政策課題について二つの検討の場を立ち上げた。「食品産業の持続的な発展に向けた検討会」と「適正な価格形成に関する協議会」で、どちらも先般の「食料・農業・農村政策の新たな展開方向」や「基本法検証部会の中間とりまとめ」において、今後検討を深めるべき政策課題として掲げられていたものだ。

食品産業界に密接に関わるものであるからか筆者にも声がかかり、メンバーとして参加している。前者の検討会については、食品産業に真正面から光を当てた検討会であり、常日頃一次産業のことばかり考えていると批判されがちな農水省としては、近年にない英断であると大いに評価している。また、後者の協議会で議論されている価格形成については、昨秋からのエガリム法に代表される海外制度の取り上げられ方が影響してか、農業生産者の関心が極めて大きいのは承知しているが、川中・川下の食品産業界との連携や最終消費者の理解なくして、このテーマの解決策は見いだせない。

これら二つの検討の場においては、農業生産者、食品製造・加工事業者、食品流通事業者、そして消費者と、食料システムに関わる全ての当事者が一堂に会したこと自体まずもって僥倖《ぎょうこう》と言えよう。農水省、経済産業省、国土交通省と所管省庁を超えて、また、農水省内でも作物原局と大臣官房などの垣根を越えて、関係者が集まり英知を結集することで、難題を解く鍵を何とか見つけていきたいものだ。

8月の本欄でも取り上げるなど再三指摘しているが、1次産品の価格形成に関しては、本来農産物貿易に係る国境措置による内外の価格調整が不可欠なのだが、もはやそこには多くを期待し得ない。されば、国内の食料システム関係者が協力し、コスト増に対応した生産性向上や新商品開発を進め、避けられないコスト増を圧縮しながら川下に適正に転嫁していく必要がある。同時に、このような情勢にあることを消費者に理解・納得してもらうためのさまざまな行動（運動）も必要だ。

さらに、価格転嫁を円滑かつ適正に進めていくには、抜け駆けで一もうけしようとするアウトサイダーに対処するための転嫁カルテルや、コスト増をできるだけ圧縮するための合併や事業統合も必要となろう。これらは、独占禁止法など競争法制に関わってくるが、その点、3年前に、疲弊する地方のバス事業者や地域金融機関の合併や事業統合について独占禁止法の適用除外を定めた「地域基盤企業合併特例法」（略称）のような立法例も参考になる。

もっとも、わが国の賃上げの状況からすれば、適正な価格形成について仮に消費者の理解醸成が進んだとしても、農産物・食料品への支払い可能な価格の限度は存在するわけで、消費者の負担能力にもおのずと限界がある。適正な価格形成の仕組みの検討を進めるだけではなく、財政による農業生産者への経営安定対策の充実や直接支払いの導入など、経営・所得政策とのベストミックスを模索する必要もあるのではないか。

（日本農業新聞　2023年10月18日）

本コラムで取り上げた2つの検討の場での議論が、結果として先般の基本法改正における「食料システム」概念の導入・定義付けにつながり、今国会で審議中の新たな食料システム法案に結実した。筆者も両検討の場に参画しているが、関係者そして場を提供した農水省新事業・食品産業部の努力に敬意を表したい。

第六章　いつも多難な米政策

生産調整と先物――米の適地適作定着を期待

梅雨末期かと見まがうような大雨が続いている。恵みの雨も過ぎれば災害だ。そんな中この夏、米を巡って二つの大きな動きがあった。お天気模様に政策動向と、どちらも、稲作農家にとっては気の休まらない毎日だ。

今年〔2021年〕の生産調整については、昨秋の生産数量目標設定以来、官民挙げて目標達成に向けた推進活動が展開された。田植えが終わった後も飼料用や米粉用など他用途への転換の取り組みが続けられた。「このまま推移すれば、出来秋には乾燥調製施設や保管倉庫が足りなくなる」とか「農協として概算金の提示もできない」など、さまざまな懸念も示された。だが、それらの懸念払《ふっ》拭《しょく》のため今できることは何かを考えれば、他作物への作付け転換や作付け後の用途変更以外にないわけで、関係者こぞって精力的な生産調整の推進が行われてきた。

結果として、7月末の食料・農業・農村政策審議会食糧部会で、目安としてきた作付け転換が実現しそうだとのサインが示された。現在の米政策になって以来最大となった対前年比6・5万ヘクタール減という大幅な深掘りが見込まれる。これにより、昨年産の出来秋から懸念されていた「国による配分廃止↓生産調整の規律の緩み↓大幅過剰作付け↓2021年産米の出来秋の暴落」という悪循環は何とか避けられそうだ。当初予算・補正予算による巨額な財政での下支えがあったればこそではあるが、関係者が歯を食いしばり、筋を曲げずぶれずに頑張ってきた結果である。

かつて、米は全量政府管理で、農家の意識は「私作る人、後は国の仕事」というものだったが、幾度かの米政策改革を経て現在の姿へと変貌してきた。需給調整・価格支持のための政府買い入れは行わず、不測の事態に備えた備蓄買い入れに限定する、その備蓄のための政府買い入れも市場価格に影響を与えないよう出来秋ではなく作付け前に事前入札を行うなど、行政も環境整備に努めてきた。米を他の農作物と同様、需要動向に応じて何をいつどれだけ作るか経営者たる農家が決める、という当たり前の経営判断の対象となるように、これからも皆で努力していかなければなるまい。

一方で、その食糧部会の翌週の今月6日、2011年から10年続いた米先物試験上場が廃止された。4度にわたって試験上場が延長された末に本上場が不認可となるという結果となる中で、申請者と役所が双方記者会見を行い自己の正当性を主張するという大立ち回りも演じられたが、多くの稲作農家にはどう映っただろうか。

試験上場開始後の政権交代など想定外の事態はあったものの、毎年の概算金や相対価格の動向、ナラシ対策や農業共済、収入保険の施策などとは違って、米の先物という仕組みが農家の経営安定対策の一つであると自分ごととして認識されなかったところに、今回の顛末《てんまつ》の遠因があったのではないだろうか。年度内にも制度設計が行われるという新たな現物市場については、全国米穀取引・価格形成センター廃止の経緯を十分踏まえて、関係者が納得し参加できる仕組みとなることを、センター廃止時の農水省食糧部長だった者として期待したい。

今後の天候などまだまだ予断を許さない状況が続くが、何年か後に、あの頃の米政策改革と関係者の踏ん張りのおかげで、米も適地適作や売れる作物づくりが定着したんだ、とみんなが笑顔で回想する日が来ることを信じている。

（日本農業新聞　2021年8月18日）

本コラムを始めとして、本書には米政策に関するものが多い。米が農政の主要テーマであることはもとよりだが、筆者の農水官僚キャリアの中でも米政策に携わった期間が長く、さまざまな政策判断に当事者としてかかわったことが影響している。いよいよ、石破政権下で、水田政策の見直し方向が発表された。本コラム末尾にあるように、「あの頃の米政策のおかげで……」と関係者に懐かしんでもらえることを期待したい。

米政策巡る攻防激化——衆院選、悔いなき選択を

今年〔2021年〕の米の作柄が見えてきた。農水省の公式発表は、まずは8月15日現在の作況を「良」「やや良」などの言葉で表す「文字情報」から始まる。その後、9月15日現在、10月15日現在

の作況指数の発表と続くが、今年から各月25日現在の調査となった。少しでも実態に近づける工夫だろう。9月25日現在の作況指数は１００と出た。

例年10月作況が発表されるころには、米政策を巡る攻防が激化する。前後2カ月弱の政策調整を経て11月の食糧法に基づく「指針」での翌年の生産数量目標の設定をもって、米の政策調整は終了するのが通例だ。今年は、このカレンダーに自民党の総裁選と総選挙のスケジュールが重なった。例年以上に、米政策に政治の季節風が吹き付けている。

１９９５年の食管法の廃止と食糧法の制定以来、米政策は、財政による直接的な価格支持から、需要に応じた作物選択と適正生産量への誘導による米価の安定という間接的な手法へと大きく方向性を変えた。その後も、政府管理数量の縮小、備蓄目的買い入れへの限定、回転備蓄から棚上げ備蓄（備蓄後の非食用売却）へと、政府の介入度合いを低下させてきた。もちろん、その陰で、農家の所得確保という観点からは、転作助成の拡充、稲作経営安定対策、収入減少影響緩和対策（ナラシ対策）、収入保険の創設など、セーフティーネットは充実してきている。

この間、米政策の方向性が大きくぶれた時期があった。２００９年9月から２０１２年12月までの民主党政権時代だ。政権交代の原動力ともなった農業者戸別所得補償制度が前面に押し出され、初年度から米戸別所得補償モデル事業が予算化された。転作推進とコスト割れ補塡《ほてん》のため、生産数量目標を順守した米農家に10アール当たり1・5万円の定額支払いと米価変動に備えた農家負担なしの変動支払いが措置された。結果はご記憶の方も多かろうが、大幅な米価下落に加え農地の集積・集約化という構造政策との矛盾、そして土地改良予算の6割減という強烈な副反応が招来した。

この反省に立って、２０１２年末の総選挙で再度の政権交代を果たした自公政権は、戸別所得補償制度を廃止し、米政策改革（水田フル活用と国による配分廃止）、日本型直接支払いの法定化、経営安定対策の拡充、農地中間管理機構（農地バンク）の創設という総合的な「四つの改革」を決定・推進してきている。ただ、その後の環太平洋連携協定（ＴＰＰ）合意や農協改革、生乳改革、卸売市場改革など一連の市場原理優先・競争指向型の農政改革も並行して進められた。

農政に関する評価は、作物や畜種の違い、経営規模の大小、所属する農業団体や支持政党などにより人それぞれであろう。ここ数年の米政策についても、国による配分廃止後4年を経て徐々に定着し、適地適作への道が見えてきたと捉える向きもあれば、かつての国による配分と官民・集落を挙げての転作推進に郷愁を抱く向きもあろう。総選挙を目前に控え、与党も野党も米政策についてさまざまな発信が行われている。新体制で戦いに臨む政権与党でも、農業者戸別所得補償の復活を唱える野党でも、どちらの政策であれ、それがどんな水田農業をもたらすことになるのか、財源など実行可能性に不安はないのかなど、十分に吟味・分析した上で、過去に起こった現実も振り返りながら審判を下さなければなるまい。食と農の価値が共有され、食料・農業・農村の明るい未来が開けるよう、悔いのない選択をしたい。

（日本農業新聞　２０２１年10月27日）

衆議院選挙を終えて――農政公約から見えるもの

4年ぶりの衆議院議員選挙が終わった。選挙直前に総裁を交代させるという荒業を使った連立与党が絶対安定多数を確保した。これで、3年3カ月間の民主党政権後の自公連立政権は、10年目を迎えることとなる。「新しい資本主義」を掲げる岸田内閣は、新自由主義的な色彩が強かった安倍・菅政権と一味違った政権運営を行ってくれるだろうか。

選挙期間中、農政公約をめぐり意見交換した旧知の記者から、「各党の農政公約を読むと野党の主張の方が与党公約よりも農家に寄り添っていると感じるのだが、なぜ農政連（全国農業者農政運動組織連盟）は与党を支持しているのだろうか」と尋ねられた。なかなか興味深い会話が続いたのだが、選挙期間中でもあったので公にすることは控えていた。選挙も終わったので、紹介してもよいだろう。

まず現下の最大の農政課題である米対策について、与党は、水田フル活用予算による需要に応じた生産の確保、ナラシ対策による価格変動対応、そして新型コロナウイルス禍の需要減には特別枠の創設による販売環境の整備をうたっていた。約束したことは即実行に移さねばならない政権与党としては、財政面も含め役所と擦り合わせながらの現実的な主張とならざるを得なかったのだろう。一方の野党は、米の需給調整は国の責任、生産調整を政府主導に戻す、過剰在庫を政府が買い入れ、などと勇ましい言葉を並べた。こと米対策に関する限り、農協系統組織が常日ごろ政府・与党に実現を要請している内容とほぼ同様に見える。

経営所得安定対策については、ナラシ対策や収入保険の加入促進、人・農地プランの法定化や農地の集積・集約化など包括的な政策パッケージを提示した与党に対し、農業者戸別所得補償制度の復活や再構築を唱える野党、という対立構造だ。この10年間、戸別所得補償一本やりで国政選挙を戦ってきたある意味ブレない野党の主張だが、制度内容の彫琢《ちょうたく》は進んでいるのだろうか。

こうして改めて見てみると、旧知の記者の言う通り、野党公約の方が農業関係者には耳触りの良いものが並んでいる。公約を基にした投票行動ならば、多くの農業票は野党に流れ政権交代も夢ではなかったかもしれない。では、なぜそういう結果にならなかったのか。有権者は投票の際に、公約の内容だけでなく実現のために必要な財源やその政党の実行力など、公約の広義の信頼性も併せて評価しているからだ。特に農政の場合、12年前の政権交代の時に提示された農業者戸別所得補償制度が、政権を獲得した民主党政権によって、どのような取り扱いを受けたか決して忘れないからだろう。

多くの農業関係者は結果として、おいしそうな公約に失望するよりも、微温的ではあるが実行可能性の高い現実的な公約を選択したのだろう。もちろん、財源も実行力もある政府・与党が農業関係者の期待通りの公約を提示してくれれば、一番好ましいことではあるのだが。ただ、野党の中には、徹底的な規制改革を柱として、減反政策の廃止や株式会社の農地保有の全面解禁、イノベーションを阻む農水行政の在り方の抜本的見直しと農水省の解体的改編などを主張する勢力もいて、今回の選挙で大幅に議席を増やしている。

このような状況では農家に優しい政策の実現はそう簡単ではなさそうだが、いずれにしても、政権与党には選挙公約も踏まえて、生産現場に寄り添う農政を実行してもらいたいものだ。仮に期待を裏切るようなこととなれば、来年の参議院議員選挙で手痛いしっぺ返しに遭うこととなろう。

（Agrio 377号　2021年11月9日）

選挙のたびに議論になる米問題ではあるが、なかなか解決には至らない。問題自体が難しいからでもあるのだが、16年前（2009年）の農業者戸別所得補償制度がトラウマになっていることも大きな要因だ。野党には農政の専門家が多くない中で、いつまでたっても戸別所得補償政策の書き換えもできず、与党はこの政策の魅力に気付いているからこそ直接支払いに踏み出せないでいる。行政側は、直接支払いには膨大な財政コストがかかることを知っており、農水省も財政当局も二の足を踏む。いわば三すくみの状態だ。先般発表された2027年度からの水田政策の見直しは、さてどこへ向かうのだろうか。

「どうする22年農政」に寄せて——制度や財源、骨太な論議を

暦はもう3月だ。1月の本欄で予想した通り、政府予算案は早くも衆議院を通過し、審議の舞台は参議院に移った。予算委員会を見ていると、モリ・カケ・桜・学術会議など不祥事連発に揺れた前政権・前々政権とは打って変わり、総理の低姿勢と野党の迫力不足が目立ち、政策論議が深まっていない。農水省提出予定法案についても、総務会でもめたようだが、どうにか3本目の法案まで閣議決

定・国会提出された。せめて、これらの法案が衆・参農水委員会で審議される際には、課題山積の農政について、しっかりした論戦を期待したい。

その際の参考になりそうな記事を、先月本紙〔日本農業新聞〕で発見した。「どうする22年農政――各党農林幹部に聞く」だ。主要6党の農政責任者に現下の農政課題をただし、今国会や夏の参議院選挙への対応を問う企画だ。一読して感じたことを、紹介したい。多くの論点がある農政の比較のための対称軸として、ここでは①直接支払いの是非②農政の対象者の範囲③国の関与の程度――について考える。

①については、ほとんどの野党が世界の潮流も踏まえ直接支払いに軸足を移すべきとの主張だ。筆者も昨年の本欄第1回の「国境措置と直接支払い」〔本書28頁〕で述べた通り、その流れは否定しない。ただし、「直接支払い」が10年前のあの戸別所得補償制度の復活でないのは当然だ。後述の通り、財源論や給付対象者など検証すべき点は多い。

②については、与野党問わず、大規模経営だけでなく家族経営や中山間農業も含めた多様な担い手が必要という点で相違はない。一時期の新自由主義的な産業政策偏重の農政改革で規模拡大、集積・集約化がやみくもに進められたのがまるでうそのようだ。ようやく農政関係者が、資本の論理だけでは完結しない食料・農業・農村の機能や多様性を再認識し主張できる環境になったということだろう。つくづく不幸な時代だった。

③については、各党で隔たりが見られる。施策の選択肢の違いというよりも、結果責任を誰が負うのか、という問題かもしれない。例えば、米政策では、経営判断で売れる米作りを進めるべきか、国

という強権をもって需給調整を進めるべきか、という違いだろう。司直の手を借りて食管法違反で米生産・流通まで抑え込もうとした旧食管制度の「晩年」を知る者としては、国による需給調整の限界や閉塞《へいそく》感を指摘しておきたい。

実は農政には、党派による決定的な差はさほど存在しないのかもしれない。国会対策を長年担当してきた筆者の経験からも、予算委員会や対決法案がめじろ押しで強行採決が日常茶飯事の厚生労働委員会などと比べれば、農水委員会は、存外和やかな雰囲気で運営されていた感がある。党派対立というよりも、自由貿易・市場メカニズム中心の経済界への配慮や財政当局との調整などで、現実的な政策対応になりがちな農水省を、与野党ともに叱咤《しった》激励するという構図が続いてきた。その意味で、共通の敵は、自由放任と市場原理を主張する規制改革論者や農政への財政支出を惜しむ官邸・財政当局だ。

直接支払いを百遍唱えるのも結構だが、その実現には財源が必要だ。かつての環太平洋連携協定（TPP）影響試算での4兆円は過大だが、国内生産コストと輸入農産物価格との間には埋め難い価格差がある。直接支払いをうたうのであれば、対象者・品目や価格差など諸元を明らかにし、国民が納得する制度設計を行った上で、必要な財源をどこに求めるのか議論すべきだろう。骨太の政策論議が必要だ。

（日本農業新聞　2022年3月2日）

いつの時代も選挙公約は絵に描いた餅になりやすい。「あれもこれも」盛り込まれていくほど、その実行可能性は小さくなる。規制改革論者や財政支出を惜しむ財政当局VS農政当局という構図にあまり変化はなさそうだ。食料・農業・農村に理解のある国会議員を一人でも多く当選させなければならない。

主産地の概算金出そろう——公正な価格形成の場、早く

9月も半ばを過ぎ、そろそろ本年産米の作柄が気になる頃だ。直近の8月15日の作柄概況によれば、北海道、東北、北陸など主産地のほとんどの道県では「やや良」、または「平年並み」のようだ。去年〔2021年〕の今ごろは、原油価格がジリジリと上がり始め、国際商品作物であるトウモロコシや大豆の価格も高水準で推移するなど、諸物価高騰の兆しが見え始めた中で、米の概算金の大幅引き下げが伝えられるなど、出来秋の収穫を喜べるような雰囲気ではなかった。

今年も、一向に収まる気配のない輸入物価の高騰に加えて、国力の低下を反映したかのような大幅な円安に、ロシアのウクライナ侵攻で肥・飼料の供給システムの脆弱《ぜいじゃく》性が明らかになるなど、わが国を巡る不確実性は一層高まっているように感じられる。

そんな中ではあるが、伝えられる概算金水準は昨年とは打って変わって堅調のようだ。稲作農家にとっては不幸中の幸いとでもいうべきか。旧知の米関係者が言うには「下がると大騒ぎするが、上がっても誰もほめてくれない」のが概算金なのだそうだが、そんな危うい数字に一喜一憂しているようでは、経営判断に基づく持続可能な水田農業には程遠い。

かつて、食糧管理制度時代には、生産者米価（政府買入米価）の決定自体が農政の最大のテーマであり、「価格決定＝政治」という時代が長く続いた。その後、１９９５年に食管法が廃止され、米価格形成センターによる価格形成が米価形成の本流となると期待されたのだが、これも２０１１年の同センターの解散をもって幕を閉じることとなった。その後は、食糧法に基づく報告徴求権限に基づき行政により収集された相対取引価格が、事実上の指標価格的な位置付けになっている。

一方で、より公正で透明な価格形成の実現を求めて、２０１１年から開始された米の先物市場の試験上場については、４度の延長、10年にわたる試験上場期間を経て、昨年8月に本上場申請が行われたが、これが不認可となったことは、記憶に新しい。本上場の不認可については立場や考え方により賛否はあろうが、何らかの価格形成機能の必要性については大方の理解が得られたようで、その後、米取引に係る実務者や有識者を交えた現物市場の検討が進められている。

昨年9月以降4回にわたって行われた現物市場に関する検討会では、この3月に「制度設計」が取りまとめられているのだが、いかんせん、その後の具体的な動きが見えてこない。聞くところによれば、23年産米からの現物市場取引の開始を目指しているようなのだが、そろそろ次なるステップが始まらないと、来年産の作付けに間に合うのかとの懸念も生じよう。

稲作農家の経営判断の役に立ち、農協系統の最大のビジネスである米集荷販売事業にとっても、米卸・小売業者の事業にとっても、使い勝手の良い、さらには各種政策運営上の指標ともなるような、公正で透明な価格形成が行われる場が一日も早く発足することが必要だ。

１９９０年の自主流通米価格形成機構の発足以来、米価を巡る30年にも及ぶ長い苦難の歴史を振り返れば、容易なことでないのは事実だ。だが、今度こそしっかりした結論を出さないと、米の先物市場の創設に血道を上げ続けてきた市場メカニズム万能主義を信奉する人々が、またぞろ、「米の先物の本上場を」といった声を上げかねないだろう。関係者の英断を期待したい。

（日本農業新聞　２０２２年9月21日）

その後、米の現物市場は実現したのだが、それに加えて２０２４年には米指標先物取引という新たな先物市場まで導入され、米主産地の道県が参加を決めたのには正直驚いた。「事実は小説より奇なり」という諺があるが、それだけ先物取引には実需があったということだろうか。とは言え、昨夏〔２０２４年〕の米不足の時以降も、その米指標先物取引が十全に機能しているという話は寡聞にして聞こえてこないが。

気候変動と食料安保——備蓄の重要性を認識せよ

９月も中旬に入り、いいかげん秋の気配を感じたいこの頃だ。異常気象と言われて久しいが、今年〔２０２３年〕の夏は尋常ならざるものだった。筆者の居住する東京の話で恐縮だが、梅雨入り直後はだいぶん雨も降ったが、その後はカンカン照りが続き、８月中旬の台風７号の列島上陸まで、ほとんどまとまった雨が降らなかった。最高気温が35度以上となる猛暑日も史上最高日数となったそうだ。

メディアがこぞって熱中症予防のためエアコンを使いましょう！と呼び掛けていたので、室内にいる限りは快適だったが、逆に、いったん外に出ると内外の温度差でやられてしまう。ビルとアスファルトの道路に覆われた都会の宿命だろう。

筆者が東京に出てきたのは今から45年前（1978年）だが、大学時代はもちろん就職後も結婚するまでの2年間は自宅にエアコンはなかった。最初に買った自家用車にエアコンは付いておらず夏は閉口したが、その車に5年ほど乗っていた。今、東京でエアコンがない車で出掛けようものなら、ハンドルでやけどしてしまうだろう。この40年で、人間の暑さへの耐性が弱体化したわけではないだろうから、当時はその程度の暑さだったということだろう。

これほどまでの気候の変化は、農業生産現場へも深刻な影響を及ぼしている。短期的には、野菜の結果不良や水稲の高温障害によるいわゆるシラタの発生、畜産の世界では大家畜の繁殖障害や肉用鶏の大量斃死《へいし》なども報告されている。中長期的には、気候変動による作物の適地の移動が予想されている。かつて水稲の不適地だった北海道が品種改良のおかげで良質米地帯になって久しいが、このまま推移すると九州や本州西南地区では既存品種の栽培が困難になるという。かつて社会科の授業で習ったミカンやリンゴの産地も大幅に変動を余儀なくされそうだ。

これらがすべて、欲望に身を任せて化石燃料の大量消費を続けている人類の活動のせいなのかどうかは諸説あるらしいが、取りあえず世界は皆、ＳＤＧｓの掛け声の下でカーボンニュートラルの実現に向けて四苦八苦している。一説には、地球の温暖化と寒冷化は、10万年ごとに繰り返し、それによる生物種の栄枯盛衰の結果が今日の人類の繁栄につながっているという考えもあるらしい。なんとも、人知の及ばない世界なのかもしれない。

さて、今年の米需給は、数年来の関係者の努力で在庫も減少し、2023（令和5）年産の作付面積も当初想定を下回るようだ。心配された2022（令和4）年産米価も何とか持ちこたえているようだし、2023年産の超早場地帯の小売価格も堅調だ。農協系統の概算金も、久しぶりにほとんどの地区で対前年プラスで決着したようだ。一方、東北や北関東、新潟などでは極端な用水不足が懸念されるし、これからが本番の台風など心が休まることはなかろうが、今後の農作業に精を出していただいて、笑顔で出来秋を迎えたい。

食料・農業・農村基本法の見直しも、いよいよ秋の陣に入り、政府・与党の議論も本格化していこう。総論での食料安全保障の重要性には誰も異論がないのだが、各論になると、防衛予算や経済安保、少子化対策など昨年来の大盤振る舞い予算とは違って、「金のかかる農政」には批判が募る。米の消費が減ったのだから国の備蓄水準も減らすべき、といった短絡的な声も聞こえるが、30年前の1993年には開びゃく以来の作況76の大凶作で、正月のもち米にも事欠いた。その翌年には作況109の大豊作となったが、事ほどさように、生命活動と気候条件に依存する農業は、工業生産とはわけが違うのだ。そのための備蓄なのだから、米を主食とするわが国民には、温かい目でこの仕組みを見守ってほしいものだ。

（Agrio 467号　2023年9月12日）

米消費拡大に必要なもの――主食用以外の需要に活路

米を巡る情勢がいつになく慌ただしい。〔2024年〕6月末の在庫量が明らかになり、民間在庫がやけに少ないのが気になった向きも多かろう。今月に入り業界紙恒例の作況予測も出たが、昨年以上の酷暑で数量もだが品質も含めた作柄が気にかかる。先週には、長年の懸案だった米の先物取引も始まり、ご祝儀相場よろしく、良い値が付いたようだ。

昨年は猛暑で米粒が肥大化し、加工用に回るふるい下米が大きく減少した。原料米の調達に困った実需者からは、政府備蓄米の放出を求める声が上がり、先般政府も加工用の備蓄米の販売を決定した。主食用については、インバウンド（訪日外国人）や他の食料品価格高騰の影響などで、久しぶりに消費量が有意に増加した。相対取引価格も堅調に推移しているようだ。

これまで、原材料・燃料価格の高騰にもかかわらず米価が反応しなかったことに、生産者は疑問と憤りを感じていたが、これで「ようやく一服」とホッとしている場合ではない。スーパー店頭から米袋が消えて、消費者からは、米価高騰や米不足が問題視され、目ざといマスメディアは犯人探しを始めている。

高温多湿のモンスーン気候のわが国で、連作障害もなく長年の技術開発の結果完成された機械化体系の下、最も効率的かつ容易に生産可能な農作物が、米であることに異論はなかろう。土地改良事業の助けもあり、農地を開拓・干拓し基盤整備や水路・農道を通し、先達は水稲を作付け水田を維持してきた。

結果として、昭和30年代には主食用米の国内自給が達成され、1人当たり消費量は1962年の118キロ、生産量は67年の1400万トン余り、のピークを迎えた。その後米の消費が減少に転じると、「需要に応じた生産」のかけ声の下、半世紀余りにわたり生産調整が進められてきた。直近の水準は、1人当たり消費量が50キロ、生産量は670万トンだ。

もちろん、需要のない物を生産すれば売れ残りが生じ、その処理には莫大《ばくだい》なコストがかかる。昭和の時代に2度にわたる政府米の在庫処理で3兆円もの財政資金が投入されたことは、政策当局にとっては忘れられない出来事だ。

ゆえに、生産調整で米価を支え、よって生産農家の所得を確保するのが長年の米政策の考え方だ。だが、多くの生産者は、これだけ一生懸命、これだけ長期間生産調整を行っているのに、米価がコストに見合わないのはなぜだろう、と考えている。

解決策のヒントは、先の食料・農業・農村基本法改正で位置付けられた「持続的な供給に要する合理的な費用が考慮される」という条項だ。主食用米についても、需給事情と品質評価が反映される市場メカニズムのみの価格形成ではなく、稲作の持続可能性が確保されるような「コストの考慮」こそ、目指すべき道だろう。

もう一つの道は、「需要に応じた生産」の意味の再検証だ。生産調整の歴史は、生産調整→米価維持→消費の減少→さらなる生産調整、という負のスパイラルを示してきた。生産調整で実現する米価が消費者の支払い可能水準を超えれば、他の食料品へと需要がシフトしてしまう。

米と並ぶ主要食糧である小麦の消費量は、実はこの55年間1人当たり32キロと不変だ。仮に小麦と同水準の価格で米粉用米穀が供給され、需要の85％を外国産に依存する小麦との置き換えが実現していれば、27キロの米の消費拡大が可能だったはずだ。マクロでは３００万トンの需要量に相当する。タンパク含量、加工適性など多くの課題はあったが、それを言い訳に主食用以外の米の消費拡大に目を閉ざしてきたのではないか。主食用以外の需要開拓にこそ活路があるわけで、小麦並み価格での米粉用米穀の本格生産と生産者が安心できる財源確保が何よりも重要だ。

（日本農業新聞　２０２４年8月21日）

昨夏（２０２４年）の小売り段階の米不足には、肝を冷やした向きも多かろう。猿の後知恵のように有識者がメディアに登場し、流通在庫や取引実態を把握していない農水省が悪いだの、備蓄米放出の判断が遅いなど、かまびすしい限りだ。かつて国民の主食の米を厳格に管理していた頃には、無駄な食糧庁など時代遅れ、廃止してしまえ、自由に米が流通できないのはおかしいなどと、これまた似たような有識者にさんざん批判されていた農水省は、気の毒の限りだ。昨夏の価格高騰を経験して、米を扱えば儲かると踏んだ邪悪な輩がこの業界に参入し、高値で農家から集荷しどこか質の悪い保管状態で米を隠匿しているに違いない。

こんな奴らに一泡吹かせるためにも、今般の備蓄放出には胸のすく思いだ。

水田政策の見直しの行方——食料安保の財源確保を

先週、第2次石破茂内閣が発足した。わずかひと月余りの第1次石破内閣は、選挙管理内閣だったが、辛うじて、衆参両院での首相指名を経て本格的組閣と相成った。われらが農相が早々の交代となったのは残念だが、2度目の登板となる江藤拓農相には、思う存分活躍してもらいたい。4カ月後に迫る新たな食料・農業・農村基本計画の策定、合理的な価格形成も含めた持続可能な食料システム確保のための新たな法制度の国会提出、そして、農業構造転換集中対策期間の初年度の農林予算の大幅拡充など、困難ではあろうが関係者の期待が募る課題が山積している。閣内、政権与党のそれぞれの場で、農政一筋のキャリアを重ねてきた本格農相への期待は大きい。

とは言いつつ、政権を巡る情勢は相当に厳しそうだ。衆議院における首相指名選挙が決選投票にもつれ込んだのが30年ぶりだそうだが、つまりは、この30年間のような国会運営・政権運営は期待できないということだ。既に、「103万円の壁」など政策課題ごとに野党との話し合いが行われている。いずれ、補正予算、当初予算、そして来年〔2025年〕の内閣提出法案など、テーマごとの与野党協議が必要となろう。

農政の喫緊の課題は、米政策だ。長らく低迷を続けてきた米価の下で、米農家の多くは、厳しい経営を余儀なくされてきた。そこにここ数年来の諸物価高騰が重なり、米生産は極めて困難な状況にある。農水省の適正な価格形成に関する協議会に、ようやく米に関するワーキンググループが設置されたのも当然だろう。

一方で、この夏、小売店で米不足が起きるや、メディアからは、需要に応じた生産を継続してきた米の生産調整政策への批判が相次いだ。その後の新米価格の上昇も、他産業でも行われている合理的なコストの反映による適正な価格形成に過ぎないのだが、あたかも農業サイドが不当な利益を得ているかのような扱いだ。誤解は晴らさなければならないが、そもそも、一年一作の稲作で、マクロベースの万トン単位の生産調整政策により今夏のような買い占め・買い急ぎによる一時的な品不足、価格高騰まで微調整することは、不可能だ。

先の衆院選の自民党公約には、「将来にわたって安定運営できるよう水田政策を見直します」というくだりがある。石破首相は、15年前の農相時代にいわゆる「石破シミュレーション」を世に問い、長らくタブー視されてきた米の生産調整政策に一石を投じた人だ。どうせ野党との政策調整が避けられないなら、彼らも巻き込んで、新たな水田政策を真剣に議論したらよいのではないか。

「農業者戸別所得補償のバージョンアップ」や「食料安全保障基礎支払い」といった野党の公約には何ら具体性はないのだから、ここは、食料安保実現のため従来の負のスパイラルから脱却し、低コスト生産が可能な適地適作の推進により米も増産する方向に政策転換する道もありだろう。もちろん、増産し米価が下がれば、消費拡大も期待できるし、輸出競争力も高まるのだが、半面、農家の所得は低下する。そこを政策で支える新たな米政策の出番とならないだろうか。

その際、真剣に考えるべきは財源だ。食料安保のため平時から増産し、余力を輸出に回し、いったん緩急あったときには国内需要に振り替える、という奇麗な絵を描くのなら、それを「絵空事」にしないためにも、そのコストを誰かが支えなければならない。財源はそれなりの金額となろうが、その覚悟が政治にあるだろうか。今後7年間で10兆円の財政支出、10年間で50兆円の官民投資誘発など、景気のよい話が聞こえる半導体や人工知能（ＡＩ）もいいが、食料安保にも金がかかることを忘れてはならない。

（日本農業新聞　２０２４年11月20日）

本コラムで予言した通り、政府は２０２５年１月「水田政策の見直しの方向性について」を明らかにした。２０２７年産米からの制度変更に向けて今後詰めるべき点は多かろうが、①関係者の頭にしみこんでいる米の生産数量目標（限度数量）はなくなるのか、②これまでゲタとナラシでやってきた畑作地帯の麦・大豆にも支援を行うのか、③支援の方式は「数量払い」か「面払い」か、④財源は大丈夫か、などの疑問にしっかり答えを出してほしい。

第七章　霞が関　岡目八目

生産者による需要開拓――チェックオフや支援構築を

田植えのシーズンも終わり、水面に緑が映える美しい季節になった。事実上、生産数量目標を超えての転作が求められた今年〔2021年〕の米の生産調整推進活動だったが、作付け状況はどうなっただろうか。作付け後の飼料用や輸出用への転換も可能だが、実需のある他作物への転換が生産調整の基本であることに変わりはない。難しい課題ではあるが、人口が減少し1人当たりの消費カロリーも限界にある中で、消費者に選択してもらえる作物を作ることは、生産者であり経営者でもある農家にとっても、わが国の食料自給率向上にとっても、肝要なことだ。

自給率向上に有効な手段である「輸入農産物から国産品への置き換え」を進める取り組みについて、最近の本紙（日本農業新聞）で二つの事例が紹介されていた。一つは、あんパンや和菓子に使われる製あん用の小豆であり、もう一つは洋菓子や加工食品に広く使われるバターや脱脂粉乳などの乳製品である。どちらも、輸入品に比べて国産品の価格が割高な上に、加工需要という点で最終商品の差別化に反映することが難しい。加えて、かつては国内農業保護の観点から輸入制限的に設定されていた国境措置が、累次の貿易交渉の結果として数量制限（IQ）や関税割当て（TQ）の撤廃・緩和、関税率の逓減、IQ・TQ逃れや国家貿易逃れのための新手の商品開発などにより劣化し、いつしか、加工用需要の大宗は輸入品が占めることとなっている。

この間国も拱手傍観《きょうしゅ》していたわけではなく、輸入小麦粉調製品や輸入粉乳調製品から国産品への代替促進のために、生産者が実需者へ値引き販売する場合の価格差補塡《ほてん》支援などの取り組みも行ってきた。短期的には「効く」のだが、「金の切れ目が縁の切れ目」よろしく、予算措置が切れるといつの間にか元のもくあみということが多かった。川下の実需者にすれば利の薄い商売の中で低関税で流入する輸入菓子製品などと競争する以上、安い原料確保は必然なのだろう。

今回の二つの取り組みについて国の予算措置の有無は承知しないが、生産者団体が主体的に消費拡大に取り組むことは意義深い。コロナ禍で農産物需要が落ち込む中で、マスクやトイレ紙が店頭から消え、命をつなぐワクチンまでも輸入に依存しているこの国の脆弱《ぜいじゃく》性に不安を抱いた消費者の国産回帰志向を捉えるためにも、わが国最大の原料農産物供給者であるホクレンがこのような取り組みを行うことは、時宜を得たものだ。生産者の負担の下で生産物の販売先の開拓を行うことは、環太平洋連携協定（TPP）国内対策策定時からの宿題である「チェックオフ」の足掛かりにもなるだろう。

とはいいつつ、輸入品との競合は、個別農家の経営責任に帰せられるべきものではない。本来、圧倒的な内外競争条件格差を是正するための国境措置が適切に機能していれば、こんな苦労がないことは前回本稿（本書28頁）で指摘した通りだ。残念ながらこの国での国境措置の再強化は、百年河清を待つに等しい。

ゆえに、生産者がチェックオフの仕組みを活用し、短期的な需給変動への対応や商品差別化のための販売戦略の策定、国内外を通じた新規市場の開拓などの活動を行うことは効果的な取り組みだ。国も農林水産物輸出促進法の改正を検討しているようだが、輸出促進にとどまらず、生産者団体や品目別団体がこれらの活動を十全に行えるような制度的・予算的な枠組みが構築されることを期待したい。

（日本農業新聞　2021年7月7日）

投資円滑化特措法が成立――恩讐超えて有効な運用を

150日間の通常国会が先月〔2021年6月〕閉幕した。コロナに翻弄《ほんろう》された常会だったが、農水省が提出した4法案は全て成立した。そのうちの農林漁業等投資円滑化特別措置法が8月2日に施行されるが、農林水産分野での出資の円滑化を図る重要な法律である。

もともと、この分野には二つの仕組みが存在した。一つは、今回の法律の母体となった農業法人投資円滑化特別措置法で2002年に制定された。農業法人に対して、農林漁業金融公庫と農協系統金融が協調出資する仕組みで、補助金中心でせいぜい融資までだった農政上の支援措置に初めて出資スキームを導入したものだ。家族経営中心のわが国農業構造を法人化し、規模拡大を進めようという当時の政策当局の思いがこもった法律だ。

もう一つは、一昨年〔2019年〕諸般の事情から新規出資を断念するに至ったA-FIVEの根拠法である農林漁業成長産業化支援機構法だ。民主党政権下で構想立案され、2012年にいわゆる六次産業化を後押しするために制定された。産業革新機構、クールジャパン機構、競争力強化ファンドなど各省庁が競って設立した「官民ファンド」の一つで、農林漁業者が自らの生産物に付加価値を付け加工・流通・販売の世界に打って出ることを出資により支援しようというものだ。

一見すると二つの法律は名称も似ており、支援手法も共通だが、片や農業法人を出資対象とし、片や六次産業化事業体を支援する、役所の担当も一方は経営局、他方は旧食料産業局と異なっている——などちぐはぐさが否めない。そんな形になったのも、両法の制定当時の状況〔自公政権か民主党政権か〕や担いだ政策当局者〔後に両者とも偉くなったが〕の思いの違いなど、それなりに理由はあるのだが、そんな役所の論理は出資を受けようとする当事者には関係ないことだ。

そんな中で起こったのが、数年前からの官民ファンドを巡るアゲインストの風だ。出資案件の多くが計画倒れとなり財政資金の焦げ付きを招く一方で、ファンド運営者の高額報酬が批判された。その結果、個別の出資案件の成否にとどまらず、官民ファンドというスキームにまで疑問が呈されることとなった。残念ながらA-FIVEも、大口出資案件が回収不能になるなど誤算が目立つ中で組織問題に発展し、新規出資の停止という事態となった。

従来、補助金中心で経営意識がなかなか醸成されない農業分野においても、出資という政策手法が有効であることに異論はなかろう。財政資金を呼び水に公庫資金や農協系統資金も活用して補助や融資では推進困難な案件を開拓することは意義がある。民間出資も呼び込み事業展開を図るという発想は、否定されるべきではない。

今回、この二つが、過去の恩讐《おんしゅう》を超えて使い勝手の良いスキームに生まれ変わるならば、喜ばしい限りだ。ただ、仕組みを変えたからといって出資案件の収益性が向上するわけではない。求められるのは、収益性の高い案件形成力とそれを見極める目利きの力だ。本制度が実のあるものとなるためには、単に金融の観点にとどまらず、経済事業としての妥当性や事業環境リスクのヘッジなどの視点が必要だ。

その意味で、政策金融公庫や農林中央金庫だけでなく、経済事業の目利き力のあるＪＡ全農やリスクヘッジを本来業務とするＪＡ共済連、さらには民間損害保険会社のノウハウも活用するなど、関係者の力を総動員することが大切だろう。

（日本農業新聞　２０２１年７月21日）

霞が関に雨後のタケノコのごとく乱立した官民ファンドだが、どれもうまくはいっていない。農水省は昔から潔くまじめな役所で、この官民ファンドの世界でも、いち早く撤退を決めて、既存同種法人への機能統合を図った。その後の情勢を見回せば、他省庁所管の官民ファンドは相変わらず継続し赤字を垂れ流しているところが多い。役人論的には、もう少し頑張ってもよかったとは思うのだが、死んだ児の歳を数えても詮無きことだ。改正新制度に基づく出融資が成功することを祈っている。

農水省の組織再編――職員の意識「覚醒」を期待

2021年7月1日付で農水省の組織再編が行われて1カ月が経過した。これに合わせて年に1度の幹部の人事異動も行われた。局長以上のほとんどが異動する大規模なもので、名実ともに人心一新というところだろう。

役所の組織は、かつては各省設置法の改正を伴いその都度国会審議が必要だったが、今では内局の設置改廃や課室の再編統合などは政省令など下位法令に委任されている。このため、社会経済情勢の変化に合わせて弾力的な組織再編が可能となり、昔に比べ組織再編自体が、予算や税制・法制度と同様に政策ツールとして使われることも多くなった。

2001年の中央省庁再編まで、農水省では長い間、農業生産施策を所掌する組織として、米麦を食糧庁、畜産・酪農を畜産局、その他の耕種作物を農産（蚕）園芸局という三つの内局・外局が分掌してきた。しかし中央省庁再編の際、行政改革の徹底の観点から各省庁横並びで「1局削減」が求められ、やむなく畜産局を畜産部として新設の生産局の傘下に置いた。

しかしその生産局はあまりに巨大な組織となり、そのせいかどうかは不明だが、程なく牛海綿状脳症（BSE）騒動が勃発した。この結果、畜産部から動物衛生部署が切り出され消費・安全局が新設されるとともに、その財源として食糧庁の廃止を余儀なくされた。干支《えと》が一回りした2015年には、廃止された旧食糧庁の事務を承継するような政策統括官が設置された。このように組織の転変が繰り返されてきたのだが、農業生産施策を分掌する行政組織形態をどうするかは、農水省の組織政策上の難題であり続けた。

今般の組織再編では、生産金額の動向や輸出品目としての重要性、業務の親和性などを考慮して、畜産局の復活と米麦を含めた耕種作物を所掌する農産局の設置という2局に再編された。政策統括官は6年弱でその任務を終えることとなった。

一方、輸出・国際局の設置により食料産業局は分割され、食品産業界を所掌する行政組織は新事業・食品産業部へと位置付けを変え大臣官房に移管された。食品・農林水産物の輸出目標5兆円の実現など政府の重要政策を担う大事な輸出・国際局ではあろうが、100兆円を超えるアグリビジネスの9割を占める飲食料産業界にとって、この組織変更は心穏やかではないだろう。

ところで、デジタル庁やこども庁など何かというと行政組織を触りたがる政治家や幹部官僚は多いのだが、組織をつくったからといって現下の政策課題がたちまち解決するわけではない。一方で、組織再編には、当事者や関係業界の意識を「覚醒」ないし「消沈」させる効果は存在する。今般の組織再編で意識が「覚醒」する部局は大いに盛り上がるだろうが、意気「消沈」する部局もありそうだ。

実際に行政が抱える政策課題を解決するのは、組織の「器」ではなく組織が果たす「機能」であり、そこに所属する人間の行動である。その意味で、農林水産業者や食品産業関係者が必要とする施策対応が従来以上に行われ、今般の組織再編が関係者から評価されることとなるかどうかは、ひとえに組織に所属する農水省職員のこれからの行動にかかっているといえよう。

組織をつくって終わりではない。一人でも多くの職員が意気「消沈」することなく、意識を「覚醒」し、農水省全体、農水省員全員が一層奮励することを、食品産業界に身を置く者の一人として期待したい。

（日本農業新聞　２０２１年8月4日）

本コラムの組織再編と時を同じくして、筆者は食品産業センター理事長に就任したこともあり、食料産業局から新事業・食品産業部への格下げには心穏やかではなかったので、いささか厳しめの論調になっている。その後の行政対応を見ていると、復活畜産局は覚醒し元気いっぱいに見える。新生食品産業部も懸念された意気消沈どころか、改正基本法における食料システム概念の導入・定義付けや適正な価格形成に向けた法改正など、存分な活躍をしているようだ。本書第十章も併せ読んでもらえれば幸甚だ。

福島農業復興の今――なりわいと暮らしの安定を

不要不急の外出を控えるよう呼び掛けられた今年〔２０２１年〕のお盆だったが、先祖の御霊《みたま》に手を合わせることは決して不要不急ではない。特に今年は、東日本大震災から10年の節目の年だが、発災日の3月11日は緊急事態宣言下にあり、一堂に会しての慰霊行事は控えられた。せめてお盆を故郷で過ごすことに何のためらいがあろう。今、被災地の人々の心にはどんな思いが去来しているだろうか。

当時、農水省食糧部長だった筆者は首都圏での米の供給確保に奔走したが、その後田植えの時期を前に被災地での作付けが可能かどうかという難題に直面した。残念ながら福島県の一部地域で作付制限を余儀なくされたが、「除染が進めば必ず営農再開が可能だし、またそうせねばなるまい」との思いを強くしたものだ。

過日帰省の折、福島県の被災地を訪れ、営農再開状況などの話を伺ってきた。現場の営農再開支援業務の最前線にいる福島相双復興推進機構でコンサルタント業務に従事する知人によれば、当面被災農地の6割での営農再開に向け、行政とも連携しながら地元の意向を大事にして、取り組みを進めているそうだ。農地除染もほぼ完了し、土地改良事業により農業用水の手当ても問題はない。残された課題は、そこで、誰が、何を作り、どのように販売していくかだという。農家の多くは慣れ親しんだ稲作での営農再開を希望しているそうだが、現下の米の需給状況を考えれば厳しかろう。中長期的にも消費の減少が見通され、良食味米が群雄割拠する中での稲作再開は、経営的に困難を伴うだろう。かつて創造的復興という言葉も聞かれたが、農地の集積・集約化を進めながら、新規就農者や法人も含めた新たな生産体制で、需要の伸びと所得の確保が期待できる高収益作物を導入することこそ、将来につながる道だろう。

顧みれば、被災農家にとっては、発災初年度の作付制限に始まり、その後の農地除染、農業用水の確保、通い耕作による営農、出来秋の喜びもつかの間の米の全袋検査など、いばらの道を歩んできての現在である。この間、放射能に関する風評被害にも悩まされ、それは今なお継続している。

発災当初から、行政も持って行き場のない被災農家の思いをくんで、風評被害や出荷制限などの実被害に苦しむ農家への補償に動きだした。農家支援の最前線に立つ農水省は、経営支援や風評被害対策など予備費や補正予算も活用しながら、農水本省7階講堂に原因者の東京電力や監督官庁たる経済産業省などを招じ入れ、被災農家の意向把握や迅速な補償のための対話集会を何度も開催した。それが、現在の原子力損害賠償紛争解決センターや原子力損害賠償・廃炉等支援機構などにつながる被災農家支援の第一歩だった。現在、被災地の復旧・復興業務は復興庁の所掌となり、内閣改造のたびに繰り返される閣僚への総理指示にもある通り、「全閣僚が復興大臣　それぞれの立場で全力を尽くす」べく、さまざまな役所で複数の取り組みが行われている。「船頭多くして船山に登る」のたとえ通り、被災農家には混乱や不安を感じる方も多い。特に、原発汚染水の処理問題など東電や経産省が表に出れば被災者の思いは複雑だ。

従来、農水省・福島県という行政中心に進められてきた営農再開支援は、現在は相双機構の業務としても位置付けられている。経済界や経産省関係者中心で農業・農村関係者が不在である機構のボードメンバーに大いなる違和感を覚えるが、1000戸を切るとも聞くこの地での営農再開希望農家に対して、地に足の着いたきめ細かい支援を行い、一日も早いなりわいと暮らしの安定を実現してほしい。

（Agrio 366号　2021年8月24日）

あの日から今年で14年だ。災害大国の我が国では、その後も熊本地震、能登半島地震など大震災が起き続けているが、被災死亡者数、被害金額とも東日本大震災は特別だった。特に、開闢以来初の原子力災害でふるさとを失い生業のすべも暮らしの基盤もすべて失った被災者の思いは複雑だろう。長年月を経て福島の話題が取り上げられる機会も減ってきたが、そのことに内心複雑な思いを持つ東北人の奥ゆかしさを考えると一層心が痛む。同じ東北人として、一日も早い復興を願わずにはいられない。

オリンピックのレガシー――そして何が残ったか

喧騒《けんそう》と熱狂とは程遠い東京五輪・パラリンピックが終わった。2013年に誘致に成功して以来、「お・も・て・な・し」を合言葉に盛り上がりを見せる中で、国も政策的な後押しを続け、新国立競技場の建設など施設整備はもとより、さまざまな施策を打ってきた。五輪と農政と言ってもピンと来ないだろうが、実はいくつかのトピックスがあった。

目に見えるところでは、競技に勝利したアスリートの表彰式でメダルが授与される際に添えられるビクトリーブーケの存在だ。五輪全体で授与されるメダルの総数は約5000個とのことだが、同数のブーケが必要となる。併せて、会場や選手村を美しい日本の切り花で飾ろうという壮大な計画が検討された。それだけのブーケや切り花の需要が見込まれれば大きな商機であり、これを機会にわが国の花卉《かき》の美しさや品質の良さを世界にアピールするチャンスと考えられた。

ただ、この時期の東京は高温・多湿で、切り花の生産・流通には厳しい季節だ。その生花を東京へ輸送しメダル授与時まで鮮度良く保つのは至難の業だ。これらの課題に取り組むべく、業界関係者を挙げて検討体制が組まれ、予算事業など国の施策対応も行われた。いざ本番を迎え、残念ながら無観客開催となってしまい美しい花々に飾られた競技会場を体感することはできなかったものの、テレビ画面越しに見えるたくさんのブーケがメダリストを彩ったのを世界中の人々が視聴しただろう。

二つ目は、選手村などでの食事の提供だ。2018年には「飲食提供に関する基本戦略」なる文書が定められ、「持続可能性に配慮した調達コード」に合致した原料調達が求められた。「おもてなし」の五輪よろしく、高品質の国産農畜産物を使った料理を大会期間中提供しようと計画された。万が一にも国産農畜産物の供給が間に合わず輸入物が大量に使われるような事態は避けなければならず、認証コードに合致したGAP（Good Agricultural Practices 農業生産工程管理）の農業現場への導入が強力に推奨された。さらに「将来につなげていく取り組み」として、グルテンフリーの米粉の利用拡大、障害者との共生を目指す「農福連携」による農畜産物の推奨、間伐材を使った割り箸の使用、和食給食の推進、はては有機農業の広がりなど、こじつけめいた「レガシー」も打ち出された。一方で、開会式当日を含めて大量の弁当が廃棄されるという、あってはならない事態も発生した。

三つ目は、インバウンド対応の強化だ。数十万人とも見込まれる期間中の外国人五輪観戦者（感染者ではない）をそのまま帰国させるのではなく、全国津々浦々の景勝地に招き入れ、さらなるインバウンドの好循環につなげることがもくろまれた。これも農政と無関係のようだが、当時から地域政策の一環として聞き慣れない「農泊」が推進されていた。農水省も政府挙げてのこの五輪ツーリズムに乗り遅れまいと、乏しい地域政策予算から農泊関連事業費を捻出し、全国500カ所で自立する農泊地域を創出するべく、手厚い予算措置を講じた。さて、わが村に新たな農泊地域が整備されただろうか。
莫大《ばくだい》な財政資金とスポンサー企業の拠出金がつぎ込まれ、1年遅れで開催されたオリ・パラ。新型コロナウイルスパンデミックにより、五輪のみならずすべての景色が変わってしまったのだが、紹介したもの以外も含め、膨大な五輪のレガシーは未来に語り継がれるものになっただろうか。相次ぐ辞任劇で残された誰がその任に当たるか分からないが、費用対効果や今後の費用負担の在り方を含めて総括が必要だろう。

（Agrio ３６８号　２０２１年９月７日）

オリンピック、ノーベル賞、万国博覧会は、我が国では国際標準以上に大きな価値を持って認識され取り上げられる。いずれも西欧諸国発祥のもので、アジアの端っこの島国の我が国が、追いつけ追い越せと努力してつかみつつある国際的なメルクマールだからであろうか。特にオリンピックが我が国で開催されるとなれば、官民挙げての大騒ぎであり、その経済効果がいかほどか、と喧伝される。この膨れ上がった期待バブルが新型コロナ禍という想定外の要因とはいえ、はじけ飛んだのが２０２１年の東京五輪だったろう。農業でもさまざまなレガシーづくりが企図されたがその後どんな結果となったろうか。農業レガシーはさして金もかかっていまいが、新国立競技場を始めとした箱物や都市基盤整備なども含めたトータルの収支決算が欠かせまい。

デジタル社会の進展――農業でもDXの浸透を期待

今月（2021年9月）1日、デジタル庁が発足した。昨年の自民党総裁選での公約だったが、当の御本人が退場していく中での船出となった。新型コロナ関連のほとんど実行されない約束事に比べれば、ほぼ1年がかりとはいえ実現したわけだから、上出来だろう。昨年来の1人10万円の特別給付金の混乱や、事業者向け持続化給付金・家賃給付金の詐取頻発、コロナ接触アプリ（COCOA）の不具合、そして現在進行形のお粗末なワクチン接種の進捗《しんちょく》管理と紙発行のワクチンパスポートなど、技術大国・先進国とは思えない現状を見るにつけ、デジタル化の必要性には異論がなかろう。

今夏の「骨太の方針」や「成長戦略」でも、新たな成長の原動力となるデジタル化への集中投資・実装とその環境整備の必要性がうたわれている。新型コロナウイルス対応のドタバタに鑑みてか、成長戦略では真っ先に医療、教育、防災などの準公共分野におけるデータ連携基盤の整備などが掲げられているが、農業関係でも「スマート農林水産業」がデジタル化の最後の項目として位置付けられている。いわく、「デジタル技術や衛星情報を活用し、地方創生の中核である農林水産業の成長産業化を推進するため、通信環境整備やデジタル人材の育成等を進める」とある。

また、先般決定された2022年度農水予算概算要求にも、「スマート農業、eMAFF等によるデジタルトランスフォーメーション（DX）の推進」が主要事項として掲げられ、160億円余りの予算が計上されている。夏の概算要求は特別枠などの「膨らし粉」が入っており、この要求額が年末にそのまま実現することはないが、当局のデジタル化にかける意気込みは見て取れよう。

とはいうものの、情報・技術格差（デジタルデバイド）が広がる中で、筆者をはじめとするデジタル弱者にとっては、昨今の行政文書に登場する専門用語には閉口させられる。「アジャイル開発」「ガバメントクラウド」「非代替性トークン」などだ。言葉の意味も分からないのだが、このデジタル化によって結局どんな御利益があり、その結果、食料・農業・農村の現場がどれほど魅力的なものになるのか、想像することが難しい。

そんな中、この3月に農水省が取りまとめた「農業DX構想」は、スマート農業が進展し、農業経営や行政事務処理にデジタル化が浸透した世界をイメージするのに役立ちそうだ。文書本体は、有識者会議の議論を踏まえてまとめられた通常の行政文書なのだが、その参考資料として添付されている「食卓と農の風景　２０３０」という文書は、なかなか秀逸だ。某市役所農政推進課の行政風景や野菜農家と酪農家の日常、消費者の暮らしなどを切り取る形で、２０３０年の世界が描かれている。読み物としての完成度はともかく、従来の役所の報告書とはまるで違い、論理的だが味気のない文字列や予算額の数字列からは想像することができない未来の姿をイメージすることができる。農水省のホームページ（ＨＰ）につるされているので、一読をお勧めする。

読後感としては、「こんなきれいごとばかりではないだろう！」とは思うものの、今回ばかりはぐっとこらえて、スマート農業とデジタル社会の進展により、この「食卓と農の風景　２０３０」にあるように、若者の新規就農が増え、都会の高層オフィスビルで農作業管理が遠隔操作され、学卒者就職人気ランキング上位に農業が位置付けられる日がくることを夢見たい。

本コラムにもある2030年の「食卓と農の風景」まで、あと5年だ。少しでもその風景に近づきつつあると信じたいが、聞こえてくるのは「e-MAFFの利用率が未達だ」とか「デジタル庁にIT予算が一元化され農水予算にしわが寄っている」など、景気のよい話はあまりない。発射台が低位だった農業・農村をデジタル化するのだから、他分野より手間もコストもかかるのは当たり前だ。卑屈にならずに胸を張って政府部内で主張してほしい。

（日本農業新聞　2021年9月15日）

ジビエ活用の効果――食べて防ごう、鳥獣被害

その昔ドイツに3年間駐在した。外交官の端くれとして日独農政関係改善に少しは役立てたはずだが、それ以上にドイツの自然や文化、そして歴史に触れることができたことは大いなる収穫だった。特に、大使館農務官（食料・農林水産業担当官）としての仕事柄、ドイツの食文化に接する機会が多かった。

日本人にとってのドイツ食のイメージと言えば、ビールとソーセージだろう。もちろんドイツ全土に所在するビール醸造所は日本における地酒蔵のようなもので、国民的アルコール飲料だが、国内に13地区あるワイン地域で生産されるワインも秀逸だ。

毎年今ごろになると村の広場でワイン祭りが行われ、その年に醸された発酵途上のワインの新酒が振る舞われる。そしてその頃から、レストランではジビエ（野生鳥獣の肉）料理が提供され始める。有名レストランはもちろんだが、街中の小さな食堂でも、「ヴィルト（ドイツ語で「野生」の意味。ジビエのこと）始めました」という貼り紙が見られるようになる。ちょうど、わが国の「冷やし中華始めました」と似たような感覚かもしれない。

ドイツには国、州ごとに狩猟法が存在し、地域の実情に応じて野生鳥獣ごとに厳格な狩猟期間が定められている。だが、食欲旺盛なドイツ人の需要を満たすだけの国産物はなかなか手に入らない。かつての首都ボン近郊のアイフェル山地で捕れる天然物の鹿肉は、高級なごちそうだ。一方、大衆店ではニュージーランドから輸入される飼養された鹿肉が提供されている。

日本でも古くは、イノシシや鹿が珍重された時代があったが、高度成長期からいわゆる家畜肉（牛・豚・鶏）が安価に大量供給されるに伴い、野生肉を見掛けることが少なくなった。近年の地球温暖化による越冬環境や里山の森林環境の変化などで、野生鳥獣による農作物被害が深刻化し、大きな政策課題になっている。ここ10年ほど、国も本格的に鳥獣被害対策として毎年１００億円前後の財政出動を行い、有害野生鳥獣の捕獲に力を入れているが、その多くが埋設処理されている。

この野生の命を有効活用できないかということで、鳥獣被害対策の一環としてのジビエ利用が本格化してきている。

筆者が担当局長時代に着手した国産ジビエ認証制度も何とか軌道に乗ってきたようで、野生鳥獣を捕獲後速やかに、そして衛生的に解体処理し出荷できる認証事業者も全国的に増えてきている。野生鳥獣の捕獲から搬送・処理加工、販売までがしっかりとつながったジビエ利用モデル地区の整備も進められ、現在全国で16地区が稼働している。

低脂肪・低カロリーで鉄分が豊富な優れた栄養成分を持つ鹿肉はアスリートとの親和性も高く、先般の東京オリンピック選手村での活用が模索された時期もあった。

おいしくて栄養のあるジビエ消費は、深刻な鳥獣被害対策として有効であるだけでなく、輸入飼料依存型のわが国畜産業から供給される食肉と比べカーボンニュートラルにも貢献可能だ。野生鳥獣のジビエ活用は、一石二鳥ならぬ一石何鳥にもなるコストパフォーマンスの良い取り組みだろう。わが国でもようやくドイツビールをほうふつとさせる地域の醸造所によるクラフトビールが根付いてきた。六次産業化によるワイン工房も散見される。ぜひとも、これらの地ビールや地ワインで、安心で美味なる地場のジビエを気軽に楽しめる日が近いことを期待したい。

（日本農業新聞　２０２１年11月17日）

農作物の鳥獣被害は依然として収まる気配がない。自然を無視した傲慢な人類の欲望へのしっぺ返しという論調もあるが、今や被害は、鹿やイノシシだけでなく熊が人間を襲う事態に激化している。農水省の対策の範疇を超え、政府全体での環境対策が必要だ。

農産物輸入増加と植物防疫——病害虫から国内農業守る

新型コロナウイルス禍で海外旅行に出掛ける機会も激減したが、帰国の際、成田空港で通関前に税関職員と似た制服を着た職員が「肉類や植物をお持ちの方はこちらのカウンターまで」と声掛けをしたり、かわいいビーグル犬がかいがいしく働いたりしているのを見ることがある方も多いだろう。農水省が所管している動植物検疫の現場なのだが、動物検疫所と植物防疫所という二つの組織が管轄している。

口蹄疫《こうていえき》や鳥インフルエンザ、豚熱など今世紀に入る頃からの家畜伝染病の頻発ですっかり有名になった動物検疫に比べると、植物検疫はいささか影が薄い。だが、かんきつ類を寄主食物とするチチュウカイミバエや、リンゴや桃の実の中で幼虫が育つコドリンガ、ナス科の植物に寄生するタバコべと病など、わが国に未発生の重要病害虫が、世界中のあちこちに分布している。海外旅行の土産に現地で食べたおいしい熱帯果実を持ち帰ろうとする旅行客に悪意はないのだが、これらの病害虫がいったん国内に持ち込まれ、まん延することとなれば、当該植物を生産する耕種農業は壊滅的な被害を受けることとなる。全国5カ所の植物防疫（事務）所の職員が365日24時間体制で目を光らせている。

植物検疫が行われるのは海外からの侵入防止だけではない。1953（昭和28）年の奄美群島の本土復帰、そして1972（昭和47）年の沖縄本土復帰後も、この地域にはミカンコミバエとウリミバエが分布していたため、かつては青果物に移動制限がかけられていた。空港の国内線カウンターや船着き場で国際検疫と同様、植物防疫官による検疫措置が実施されていた。昭和50年代から開始されたミバエ類撲滅事業の成果により南西諸島産青果物が自由に本土へ持ち込めるようになったのは平成になってからだ。

残念ながら根絶に失敗し、定着してしまったイネミズゾウムシや、今なお根絶に向けて防除が続けられているジャガイモシロシストセンチュウなど、いったん持ち込まれた病害虫を根絶することはたやすいことではない。長い時間と莫大《ばくだい》な資金が必要になる。だからこそ、水際での侵入防止が何よりも大切なのだ。

一方で、消費者サイドには、エキゾチックな海外農産物を楽しみたいという思いもある。また、輸出国からは病害虫防除を徹底した商品をわが国に輸出したいという要望も寄せられる。水際検疫の徹底と消費者からの需要という相反する要請を何とか折衷させるのが、「条件付き輸入解禁」の仕組みだ。筆者が40年前に農水省植物防疫課に在籍した頃にはまだ数品目だったこの制度も、わが国消費者の嗜好《しこう》の多様化と輸出国からの要望、そして殺虫・消毒技術の高度化により、いろいろな植物に適用されてきている。

最近耳目を集めたのは、米国産スモモの輸入解禁だろう。臭化メチルを使った伝統的な消毒方法であり、純技術的観点からの運用が求められる植物検疫上は認めざるを得ない事例だったのだろうが、関係者への連絡や説明などで生産者に寄り添う姿勢が足らなかったのだろうか。個人的には、いくら安全ですと言われても、臭化メチルで薫蒸された上に遠路はるばる太平洋を渡ってくるスモモを食べるくらいなら少々お高かろうが安全・安心で美味なる国産品をいただきたいものだ。いずれにしても、瑞穂《みずほ》の国の、稲作はもとより全ての耕種農業の安寧のために日夜奮闘する植物防疫官諸兄の活動に改めて敬意を表したい。

（日本農業新聞　2021年12月1日）

植物検疫については、新型コロナ明けでインバウンドが激増している今日、なおさらにその重要性を増している。日本語が通じず、メンタリティの異なる外国人を日夜相手にする植物防疫官の苦労がしのばれるが、この国の農業生産基盤を守る防人として頑張ってほしい。

提出予定法案固まる——円滑審議へ多様な戦略

2月に入り、予算委員会の論戦が本格化している。年度内の予算成立という政府にとっての最重要課題から国会日程を逆算すれば、2月中の衆議院通過が目標だ。憲法上、参議院に予算案が送付され30日が経過すれば、議決の有無にかかわらず自然成立するからだ。

この間、国会のもう一つの役割である法案審議はあまり進まない。予算委員会に関係大臣が張り付くから、という建前の下で、各委員会はなかなか開催されない。各省庁が提出した法案は、「日切れ法案」などを除けば、実質審議が始まるのは4月以降だ。今年〔2022年〕は7月に参議院議員選挙が予定され、国会の延長は難しかろうから、日程は一層窮屈だ。政府提出予定法案も58本に絞られた。

農水省でも法案の絞り込みが行われ、提出予定法案は6本となった。当初予定されていた競馬法の一部改正は、秋の臨時国会回しになったようだ。それでも昨年の通常国会が4本だったのに比べれば、ハードルは高そうだ。

1本目の土地改良法の一部改正は、豪雨対策を農家の同意と負担が不要な防災事業に追加することなどを内容としている。予算案と密接に関連することを理由に「日切れ扱い法案」として年度内の成立をもくろんでいる。

2本目は、新法である「みどりの食料システム戦略」推進法案だ。「グリーン化対応」と「輸出促進」という昨今の農水省における二大政策課題の一翼を担うものであり、2050年に向けた脱炭素社会の実現に向けた第一歩として、最重要法案だろう。

3本目の植物防疫法の一部改正は、病害虫の侵入・まん延リスクの増大と化学農薬使用量の削減要請という難題の中で、農薬だけに頼らない総合的防除体系(IPM)への移行などを目指すものだ。農薬使用量の削減は「みどりの食料システム戦略」でも主要課題であることから、2本目の新法との一括国会審議を求めている。これも窮屈な国会日程ゆえだろうか。

4本目の経営基盤強化法と5本目の農山漁村活性化法の一部改正は、昨年来検討されてきた「人・農地など関連施策の見直しについて」に関連する法案だ。人・農地プランの法定化などを内容とする前者については、最大の論点であった「農地所有適格法人の出資による資金調達」が調整未了で盛り込まれないようだ。一方、「令和4(2022)年措置」という規制改革実施計画との関係上、参議院選挙後の臨時国会で決着をつけるのだろうが、なし崩し的に株式会社の農地所有に道を開くこととならないよう、引き続き監視が必要だ。後者は、いわゆる農村政策に関わるもので、自治体が策定する活性化計画の拡充、農地転用や農振除外の手続きの迅速化などの内容だ。これにより、農村地域づくり事業体（農村ＲＭＯ）の組織・事業展開が促進され、内閣の目玉政策である「デジタル田園都市国家構想」の農村現場での受け皿となることを期待したい。

最後は、輸出促進法の一部改正だ。長年の懸案だった1兆円目標は達成したが、8年後に5兆円という途方もない目標に向けてさらなる前進が必要なのだろう。補正予算に計上された「品目団体」への支援に加えて、税制特例も本法改正を前提として認められた。税制実現のためにも早期成立が必須だ。ただ、本法案は参議院先議とされている点は解せないが、誰も反対しないであろう本法案を最後に回すことで、全ての法案を後押しするという戦略なのかもしれない。この戦略が成功することを祈っている。

（日本農業新聞　２０２２年2月2日）

輸出目標1兆円の実現——多様な国際展開も支援を

輸出が好調のようだ。２０２1年の農林水産物・食品の輸出金額が念願の1兆円を超えた。かつてこの目標を唱えた農相も草葉の陰で喜んでおられることだろう。２００6年の当初目標設定から、はや15年が経過したわけだが、始めの数年間は、東日本大震災に伴う原子力発電所の事故の影響などで伸び悩んでいた（06年は４４９０億円→12年は４４９７億円）。その後関係者の努力が実を結び、10年の時を経て政府目標を達成できたことは同慶の至りだ。

特に2021年は、対前年比25・6％増と過去にない大きな伸びを示した。主要国でのコロナ禍からの経済回復による輸出機運の高まりや、これを後押しした見本市・商談会の開催、輸出先国でのプロモーションなど政策対応の取り組みが功を奏したのだろう。

当初、この目標が設定された時には、実現可能性について各方面から懐疑的な声が上がるとともに、この目標の政策的意義についても議論があった。いわく、「輸出金額の大宗は加工食品であり国内農林漁業振興には結び付かない」「輸出先国でたとえ高値で売れても、仲介する輸出商社にマージンを取られるだけで農家手取りは増えない」「猫の目農政よろしく、打上げ花火でいずれ熱が冷めよう」などなど。

相変わらず清涼飲料水や調味料などの農産加工食品が総額の3割強を占めるなど、当たっている面もあるのだが、そもそも加工食品の輸出では駄目だという考え方自体が、一次産業偏重の表れだ。大手食品メーカーがナショナルブランドを輸出したり、地域の中小食品加工業者が創意工夫を凝らした地場産品を輸出したりすることも、政策目標の価値として何ら遜色はないはずだ。輸出商社に牛耳られるという懸念も、市場開拓時には「餅は餅屋」に任さざるを得ない面もあったろうが、その後全農をはじめとするわれらが農協系統組織も輸出に本腰を入れるなど、物流・商流ともに環境は変わってきている。猫の目農政論については耳が痛いところではあるが、3年前に農林水産物・食品輸出促進法を制定して、省庁横断的な本部を設置し、政府が勝手に後戻りできないようたがをはめるなど、農水省も本気だ。

とは言いつつ、喜んでばかりもいられまい。3年後には2兆円、8年後には5兆円という途方もない目標設定が行われている以上、これまでの延長線では到底目標達成は難しい。政府も、今国会で輸出促進法の改正を行い、輸出品目団体を通じた強力なサポート体制の構築や税制・金融・補助事業による輸出事業者の支援を拡充することとしている。

十数年に及ぶ輸出促進の取り組みの中で積み上げられた優良事例を横展開して、わが県・わが町の特産品の輸出につなげてもらいたい。これらの地道な取り組みが遠大なる目標達成の一歩となるはずだ。

最後に、食品産業の立場から一言付け加えさせてもらえば、農産物や加工食品の「製品輸出」も結構なのだが、食品事業者の多様な国際展開の後押しも忘れずに考えてもらいたい。わが国の食品メーカーの海外生産金額は既に7兆円にも達している。狭い国内であまたの企業がひしめく過当競争状態に比べれば、海外生産は利益率も高い。そこで稼いだ所得は国内に還流するのはもちろんだし、海外生産された加工食品で初めて「日本食」に出合った現地の人々が、日本産食品に関心を示し、本物を求めて越境ＥＣ（電子商取引）でお取り寄せしたり、いずれ日本を訪れたりすることも期待できるのだから。

（日本農業新聞　２０２２年2月16日）

本コラム執筆の後、輸出戦略は思わぬ要因で足元をすくわれることとなる。２０２３年中国がＡＬＰＳ処理水放出に因縁をつけて日本産水産物の輸入停止措置を講ずることで、ホタテなどの中国、香港向けの輸出がストップした。今年に入り、森山自民党幹事長や江藤農水大臣の訪中で一定の進展も期待されるが、なかなか良い結果にはつながっていないようだ。一方、本コラムの末尾で記した食品産業の海外展開については、先の基本法改正で正面から位置づけられることとなったのは喜ばしい。

営農型太陽光発電の行方――両立可能な制度の実現を

営農型太陽光発電をご存じだろうか。2050年におけるカーボンニュートラルの実現を目指し、日本社会全体が大きな構造変革を迫られている現在、エネルギー供給源としての再生可能エネルギーには期待が寄せられている。中でも太陽光発電は固定価格買取制度の導入とともに全国的に設置が加速され、買い取り価格の引き下げというディスインセンティブ要素を打ち消す形で太陽光パネルの生産性向上・価格引き下げが進んだ結果、今や全発電量に占める割合も8％を超える水準に達している。

都市部においては、商業施設や工場、マンションなどはもとより、戸建て住宅の屋根への設置も進む一方、地方においては、遊休地や日当たりの良い斜面での巨大な施設整備も見られるなど、全国的に開発が進んだ。このことが、適地を見つけることが難しい他の再生可能エネルギーに比べて太陽光発電が進展した一因だろう。他方、開発に当たっての地元とのトラブルも散見される。災害発生への懸念や景観の問題など、課題も少なくない。

そんな中で、開発サイドから熱い視線を向けられてきたのが、広大でかつ借地コストが圧倒的に安い農地であった。だが、農地を転用して太陽光パネルを設置するためには、農地法に基づく転用許可が必要で、従来の手法で転用許可申請を行っても、開発サイドが期待するような場所で迅速に許可が下りることは期待薄だ。そこで考え出されたのが、太陽光パネルの下で引き続き営農を継続することを条件に、パネルの設置に必要な最小限度の農地だけを一時転用という仕組みで転用することにより、事実上農地の上に太陽光パネルの設置を行おうというものだった。

当初2013年に、3年以内の一時転用という形で始まった時には、かなりの際物《きわもの》扱いされていたのだが、その後施設の設置が進むにつれて、3年間では金融機関の貸し付け審査が通らないなど現場からの強い要請も行われるようになった。このため、18年には、担い手が下部営農を行う場合や荒廃農地を活用する場合などは、10年以内の一時転用を認める仕組みに規制緩和された。これにより、当初3年間で、773件だった許可件数がその後2600件余りへと増加した。結果として、「太陽光発電により脱炭素社会実現にも貢献し、パネルの下では引き続き営農を継続することで、農業所得と売電収入が確保され、めでたしめでたし」となれば良かったのだが、現実はそううまい話ばかりではないようだ。

農水省も、本件に関し有識者会議を設置し、この間の経緯を分析し、現状を把握して課題を整理しようとしている。実は、筆者は2018年の規制緩和の際に農水省で農地転用サイドの責任者であったのだが、その御縁だろうか今回の2度にわたる有識者会議の座長を務めさせていただいた。委員就任に当たっての守秘義務の関係で会議の内容をつまびらかにはできないが、少なくとも、制度開始以来の課題や論点を関係者が改めて認識・共有した上で、今後の望ましい方向を検討していくことは最低限必要なことだろう。

カーボンニュートラルも、食料安全保障のための優良農地確保や営農継続も、ともに国民的な課題である。かつてのような拙速で一方的な観点からの規制緩和ではなく、真にウィンウィンとなる発電と営農の両立可能な制度が求められている。

（日本農業新聞　2022年3月16日）

諫早湾干拓判決に寄せて――混迷招いた重い政治判断

〔2022年〕3月25日、福岡高等裁判所で諫早湾干拓事業を巡り一つの判決が下った。翌日の本紙はもちろん一般紙でも大きく取り上げられた。干拓事業というすぐれて農政関連の話題がここまで社会的に大きく取り扱われてきたのは、この事業の抱える歴史と、特に12年前の時の政権による決断から今日に至るまでの紆余《うよ》曲折が原因だろう。

第二次世界大戦で海外領土を失ったわが国では、食料の増産が急務だった。当時の農政課題は生産力の増強、とりわけ、米の増産であり、戦前から継続していた児島湾干拓や昭和30年代に始まる八郎潟干拓など、大型の農地造成が行われてきた。その後、米を巡る状況は大きく変化していく。米の1人当たり消費量がピークを打った1962年以降、米に過剰感が漂い始めた。生産調整が常態化し、財政負担軽減の観点から政府による需給操作は廃止され、集荷・販売事業も自由化された。今や米も普通の作物の一つになりつつある。

諫早湾干拓事業も戦後の食料増産を目指した長崎大干拓構想に由来するのだが、1957年の諫早大水害や82年の長崎大水害など、大雨・高潮による災害が多発している当地では、本干拓事業の主目的の一つは、防災・災害対策でもあった。ただ、農産物の需給緩和や国の財政事情の悪化などで、なかなかゴーサインが出ず、事業規模を縮小した上で何とか干拓事業の着工にこぎ着けたのは89年であった。

その後、1997年に潮受け堤防が閉め切られ2007年には事業が完成するのだが、この間、干拓工事により有明海の状況が変化し漁業被害が生じたと主張する原告が国を相手取り、工事の差し止めや堤防完成後はその開門を求める訴訟を提起した。国は、いったん締め切った堤防を開門すれば、既に完成した干拓地での営農に甚大な影響が及ぶことに加えて、昨今の異常気象の中で頻発する豪雨災害への対応も困難になるなど反論を行った。

2010年、一審の佐賀地方裁判所に続き二審の福岡高等裁判所でも、5年間の潮受け堤防排水門の開放を国側に命じる判決が下された。国は当然、最高裁判所に上告し、本件についての最終的な司法判断を求めるべきだったが、そこで大きな政治判断が行われたのだ。残念ながら農水省の意向とは異なり、「コンクリートから人へ」を掲げる当時の政権は、上告を行わないという判断を下した。このことが、その後今日に至る訴訟の乱立、下級審における司法判断の不整合のきっかけとなったと言わざるを得まい。

筆者は、2018年7月の福岡高裁での請求異議訴訟の判決に向けた農水省担当局長だったが、残念ながら国側勝訴判決を見ることなくその3日前に退官した。もっとも、この控訴審での国側勝訴はその翌年最高裁により福岡高裁に差し戻されてしまうのだが、その後の国の粘り強い訴訟対応により、今般の福岡高裁において、再度国側主張が認められることとなったのは喜ばしい限りだ。

本件については、立場や主義・主張によりその評価が分かれるだろうが、本稿で伝えたかったことは、「政治判断の重さ」である。もし2010年に最高裁判所へ上告を行っていれば、国の主張が認められたか否かは別として、関係者の納得感は高まっただろうし、10年余りに及ぶ訴訟プロセスで関係者がここまで翻弄《ほんろう》されることもなかったろう。およそ全知全能なる人間などいない。個人の能力や知見には限界がある以上、為政者は常に謙虚であるべきだ。その判断を支える専門家集団たる各省庁の官僚組織を正しく使うべきだ。

（日本農業新聞　2022年4月20日）

本コラムにも記したが、すべての発端は菅直人首相（当時）による「上告せず」の政治判断だった。東日本大震災時の福島第二原発のヘリコプター視察など物議を醸す政治リーダーだった。政権交代後の行政による正常化への強い熱意と司法における真摯な取り組みにより、ねじれた司法判断を克服し大多数の関係者の最大幸福が実現できたと言えよう。

土地改良区と准組合員制度——地域と共生、仲間づくりを

ゴールデンウイークも終わり、サラリーマンにはいつもの日常が戻ってきた。昔は「兼業農家」と

呼ばれていた人たちが今や「半農半X」と称され、農村政策の担い手として位置付けられている。彼らにとっては、本業（半X）の休みが続くこの機会は、集中的に農作業に取り組むことができた期間だったろう。また、普段は都会暮らしのファミリーが帰省し、慣れない農作業で孫と一緒におじいさんの手伝いをする、そんなほほ笑ましい風景もあったに違いない。

そんな連休が終わると、農業団体の多くは総会シーズンを迎える。4月から翌年3月までを会計年度とする企業・団体が多いわが国では農村に限ったことではないが、この時期は、6月の総会に向けて前年度決算の確定や監事意見の取り付けなど慌ただしい。近年農協法や土地改良法が改正され、員外理事・員外監事の選任や監査法人監査の導入などが求められている。監査法人には書き入れ時だろうが、理事執行部にとっては、大変な季節だ。組合員も、田植え作業を終え一服というこの時期に、わが集落やわが経営に大きな影響を及ぼす農業団体の総会と真剣に向き合ってみるのも有意義だろう。

筆者は2018年の土地改良法改正の責任者として国会対応に当たった。当時は、「奇妙な農政改革」全盛の時代で農業競争力強化の観点から産業政策的な無理筋の法改正が毎年行われた。土地改良法についても、前年の農地中間管理機構を通じた農家負担・同意なしの農地整備事業の導入に続き、土地改良区組織を産業政策に整合させるための組合員資格の改革が求められていた。紙幅の関係で詳述は避けるが、その法改正で筆者は、当時農協改革で大議論となった准組合員問題が決着しない中で、あえて土地改良区に准組合員制度を導入する決断をした。

土地改良区は、義務加入制度の下で賦課金徴収権も有するなど、かつては集落における第二市町村的な位置付けだった。実際に市町村と同様、法人税法別表一に掲げられる非課税団体でもある。古き良き時代には集落になくてはならない公的団体だったが、産業構造の変化に伴い、農業・農村が縮小し都市と農村の距離が広がるにつれて、土地改良区に対する周囲の目も変わった。「なくてはならない団体」から、「何をしているか分からない団体」へと変化した。

そんな状況を打破し、土地改良区の役割を関係者に知らしめ、地域と共生していくためには、土地改良区も変わらなければならないのは当然だ。規模拡大により減り続け、かつ、高齢化が進む組合員に新たな担い手を呼び込み、また、農業・農村の多面的機能の発揮のため地域で水路の泥揚げやあぜの草刈りなど共同活動に従事するＮＰＯや子供会、生協などに広く土地改良区の准組合員として参加してもらおうというのが、准組合員制度導入の狙いだった。

改正法施行から４年が経過したが、残念ながら准組合員制度が全国的に活用されている状況ではないようだ。手間が増えて面倒だ、賦課金を負担してくれるわけでもない、定款変更が大変だ、などの声も聞く。だが、改めて、もう一度法改正の趣旨やあの農協改革当時の四面楚歌《そか》となった農協悪玉論を思い出してほしい。

土地改良区の果たす役割を理解してくれる国民がどれだけ存在し、共に声を上げてもらえるかが大切だ。将来にわたり土地改良区が永続するためには、地域との共生と真の仲間づくりが欠かせない。

（日本農業新聞　２０２２年５月18日）

改正法施行後５年余を経過したが、土地改良区准組合員の拡大は芳しくはない。今国会に農水省が提出した土地改良法の改正に、准組合員資格の拡大が盛り込まれている。地区要件を外して土地改良区のシンパを少しでも増やそうという狙いは理解できるが、器の整備だけではなく、是非とも准組合員の重要性についての啓発普及にも力を入れてほしい。

ＳＤＧｓと正しく付き合うために――経営トップの理解が不可欠

何年か前から、テレビに登場する経営者やコメンテーターの背広の襟に見慣れない円形のバッジが着いているのに気づき始めた。おしゃれとは縁遠い中高年諸氏が、濃紺やグレーの背広にはあまりフィットしない派手なバッジを着けている。何かのおまじないか、と思ったものだが、当時はそれがＳＤＧｓバッジだという認識もなかった。今や経営者はもとより、霞が関の官僚諸兄までご多分に漏れず装着している。林野庁職員は木製のバッジを着けるほどの念の入れ用だ。

いまさら解説する必要もないが、ＳＤＧｓとは、２０１５年の国連サミットで採択された「持続可能な開発のための２０３０アジェンダ」に記載された、17のゴールと１６９のターゲットから構成される「持続可能な開発目標」の英語表記の頭文字の略称である。地球温暖化による自然災害の多発、廃棄プラスチックによる海洋環境破壊、国際競争とも言えるような脱炭素に向けた潮流なども、このＳＤＧｓが脚光を浴びる背景なのだろう。

かつて企業の社会的責任（ＣＳＲ）という言葉がもてはやされた頃、多くの企業は、本業とは無関係の植林活動や社員による海浜清掃などに精を出したものだ。20年ほど前に阪神大震災を契機に職務専念義務のある国家公務員に導入されたボランティア休暇も、この動きに通じるものがあったのかもしれない。官も民も本業を真面目にやるだけではなく、社会貢献が求められる、そんな時代の風潮だった。

CSRもSDGsも、そういう行動変容が望ましい、という任意の取り組み、推奨されるべき取り組みとして位置付けられているはずなのだが、近年、その流れは速度を増し、幅を広げている。ESG投資なる概念で、その企業の環境問題（E）・社会問題（S）への対応や企業内部のガバナンス（G）の程度を投資家が判断して企業を選別するという手法が、アクティビスト（物言う株主）を筆頭にまともな機関投資家も巻き込む形で、上場企業を襲っている。さらに、生物多様性や児童労働、ジェンダーフリーなど配慮しなければならない分野が際限なく広がっている。これらの社会の要請に応えられないような企業は早晩、市場からの退出を求められかねない。故に、上場企業たらんとするものは、本業の商品・サービスを広告宣伝する以上に、これらの動きに積極的に対応し自らが社会に有用な存在であることをアピールしなければならないわけだ。

大企業はともかく、中堅・中小企業にとっては、本業の製品開発や市場開拓に同業他社と切磋琢磨《せっさたくま》しのぎを削っている上に、このSDGsやESG投資への対応を考えなければならないのは、大変な負担だ。何をどこから始めればよいのか皆目見当もつかない、というオーナー社長も多かろう。需要あるところ供給あり、で、そんな悩める経営者に懇切丁寧に「SDGsの極意を教えます！」といったセミナーやコンサルが、雨後のタケノコのように出現している様は、ありがたいのやらありがたくないのやら。

幸い、農業関係団体の多くは株式会社形態ではなく、今のところ身内のステークホルダーから口うるさく言われることもないので、組合長・理事長たちには身近には感じられないかもしれない。だが、ESG投資の流れは、投資先の選択にとどまらず、金融機関による融資先の選別や経済活動における取引先の選択にまで影響を及ぼそうとしている。ぼんやりしていると流行に敏感な金融機関や上場企業取引先から置いてきぼりにされかねないので、注意が必要だ。自戒も込めて言えば、世の中の流れにアンテナを高くしつつも、悪徳セミナーで調子の良い話に引っ掛からないためにも、まずは勉強が必要だ、ということだろう。

（Agrio ４０３号　２０２２年5月24日）

SDGsの波はその後も弱まることはない。従来の脱炭素はもちろん、児童労働、人権、生物多様性、アニマルウエルフェアなど留まるところを知らない。農業者も含め企業経営者としてはこれらの社会課題への目配りをおさおさ怠るわけにはいくまい。いささか生きづらい社会になりすぎていないかと思わないわけではない今日この頃である。

ＪＡ全農岐阜県本部の新規就農支援・農福連携の事例紹介
――産業政策も地域政策も

ＪＡ全農の経営管理委員を務めている関係で、先日岐阜県を訪れる機会があった。経営管理委員会とは、一般企業の取締役会のようなもので、そこに社外取締役的な立場で参加している。農林水産行政の経験が少しでもお役に立てばとの思いでお引き受けしているが、一昨年〔2020年〕の就任以来収束を見ないコロナ禍の中で、会議の多くはウェブ方式だ。そんな中、今回、自らが意思決定に参画した岐阜県本部の共同利用施設の竣工した姿を拝見する機会を得た。

まず、米の定温貯蔵施設と野菜の予冷・低温保管施設を訪れた。コンパクトではあるが最新鋭の機械・装置が導入されており、特に、野菜の施設については、岐阜県内の集出荷・保管機能を果たすだけではなく、近隣の三重県と滋賀県を含めた3県での共同利用が計画されている。地元JAのカントリーエレベーターとの機能分担や共通フレコンによるオペレーションなど、両施設とも効率運用の工夫がなされており、担当者の言葉の端々からは、岐阜県の稲作および園芸の中核施設たらんとする意気込みが感じられた。

その後、イチゴ経営の研修農場を拝見した。岐阜県本部が県行政などと連携し、イチゴ新規就農者研修事業運営協議会を設立し、就農希望者に14カ月間の研修を行い、研修終了後は長期リース方式でイチゴハウスを建築・譲渡し経営開始を支援している。毎年4人前後の研修生は、座学による技術習得に加えて、1人10アールの圃場を任され、1年間のイチゴ栽培のサイクルを身をもって学んでいる。お邪魔した当日は残念ながら今シーズンの収穫は終了しておりイチゴ狩りは体験できなかったが、最後に残されていた果実をおいしく頂いた。これから次期作に向けて、炎天下の育苗や増殖、ハウス内での移植・定植など厳しい作業が続くという。

特筆すべきは、これまで研修を終えて新規就農した誰一人も離農していないことだ。研修体制・プログラムが素晴らしいのはもちろんだろうが、経営開始後のフォローアップまで県本部が地元ＪＡなどと連携し取り組んでいるたまものだろう。地域農業の実情や集落環境などを熟知する地元ＪＡ・県本部ならではの強みが生かされている。新規就農支援や担い手育成といった産業政策に農協系統組織が積極的に関わる好事例だ。

このような農協系統組織を核とした地域農業振興の取り組みは全国的にも見られるが、今般拝見した岐阜県本部においては、これに加えて、イチゴハウス栽培を農福連携に結び付けている。隣接する圃場に農福連携用のハウスを建設し、そこで障がい者に働く場を提供している。昨年から始まったばかりの取り組みではあるが、岐阜県本部営農支援部の本体事業として農福連携を位置付け、専任の現場作業支援者を新たに雇用し、障がいのある方々への技術指導や毎日の作業管理、体調の見守りなど、きめ細かい支援体制を構築している。

筆者が農林水産省在職時に担当した経験から言えば、福祉関係を専門とするＮＰＯや社会福祉法人などを介して人材の派遣を受け、農業側は農場や施設・機械を提供するいわば分業方式を取る農福連携事業が多い中で、岐阜県本部の方式は農業法人（岐阜県本部）側が障がい者を直接雇用する形を取ることで、雇用・作業の安定継続性と障がい者労働への報酬の還元がより良い形で実現されていると感じた。

奇妙な農政改革が盛んなりし頃に、組合員農家のために役立っていないなど、いわれのない批判を受けた農協系統組織ではあるが、地域農業振興という産業政策はもとより、今回の農福連携のような地域政策においても、その中核組織として活躍する姿を拝見して、安堵した次第である。

（Agrio ４１１号　２０２２年7月20日）

プラスチック新法の施行——社会的コストの見極めを

「プラスチックに係る資源循環の促進等に関する法律（プラスチック新法）」が施行されている。海に漂うマイクロプラスチックが海洋生物の体内に取り込まれ、このまま〔2022年〕4月1日から、いくと世界中の海は程なくプラスチックに覆い尽くされてしまう、食物連鎖の頂点にいる人間にも重大な影響が及ぶ——そんな脅迫めいた言説や映像が数年前から流されている。結果、世界の潮流としてプラスチックの利用抑制、再利用の促進が訴えられてきた。ビジネスホテルに宿泊すると、以前は各部屋に標準的に設置されていたプラスチック製の歯ブラシやくしなどのアメニティーグッズが撤去され、チェックインの際に要不要を尋ねられることが増えた。

コンビニやスーパーなどで買い物をする際に無料で提供されていたレジ袋が有料化されたのは一昨年〔2020年〕の7月だった。さしたる抵抗もなく有料化が受け入れられたが、日本人のガバナビリティー（統治されやすさ）の高さには改めて驚かされた。今年4月からは、レジ袋に加えて弁当やヨーグルトなどを購入した際のプラスチック製のスプーンやフォークなども、意向確認されるようになった。

レジ袋の有料化は、「容器包装に係る分別収集及び再商品化の促進等に関する法律（容器包装リサイクル法）」に基づくもので、単なる意向確認では済まなかったが、その他のプラスチック類は、今のところ消費者に対価の支払いを求めるまでには至っていない。ホテルのアメニティーをやめて宿泊客が歯ブラシを持参したり、コンビニのプラスチック製フォークなどを間伐材の割り箸に代えたり、マイバッグを持参したりする消費者の自主的な行動変容を促すことは結構なことだろう。

一方で、食品産業とプラスチックの容器包装との付き合いには長い歴史がある。その昔、街の八百屋や魚屋で買い物をすれば、商品を包むのに使うのは古新聞が定番だった。主婦が鍋を抱えて豆腐屋へ買い物に行き、しょうゆの量り売りで一升瓶の空き瓶を持参した姿は、昭和の懐かしい風俗だ。その後、スーパーやコンビニの進出で小売の現場は激変し、加工食品の生産・流通の拡大、食品産業の工業化の進展により、容器包装も高度化してきた。保存性や衛生面、また消費者の利便性などを考慮すれば、従来の紙や経木の利用から、プラスチックへの移行は当然のことだったし、脱プラスチックの流れが生じたからと言って、おいそれと逆戻りするわけにはいかなかったのだ。

そのため、２０００年の容器包装リサイクル法の完全施行で、食品産業界はこの法律の定めに従って容器包装類の回収、再利用などに要する莫大な経費を負担することとなった。地球環境の保全や生物多様性の維持など高邁（こうまい）な目的達成のために必要となる社会的コストをプラスチック使用者として負担してきているのだが、それは他の製造コストとともに最終製品価格に転嫁され、消費者に負担してもらわざるを得ない。

今般のプラスチック新法の施行により、容器包装も含め全てのプラスチック製品に排出抑制・再資源化が求められることとなった。農業生産現場でも、肥料・農薬などの資材に係る容器包装はもちろん、施設栽培被覆用ビニールや農業用マルチシート、育苗トレーなどプラスチックの使用量は膨大だ。法目的達成のために関係者が努力することを頭から否定するつもりはないが、費用対効果をよく考えた上で、法施行に伴う社会的コストをどう分担するのかなど、冷静な検証の上で政策決定してほしいものだ。

（日本農業新聞　２０２２年8月17日）

脱プラスチックの流れは世界的に留まることはない。その後も、プラスチック汚染に関する法的拘束力のある国際文書（プラスチック禁止条約）締結に向けた政府間交渉が続けられている。理念も大事なのだが、人々の暮らしや産業・社会の存立も重要だ。きれいになった海や山、自然の中で、人間がひもじく不便で不安な毎日を強いられるとすれば、それは間違いだろう。

コロナ全数把握で混乱――国の仕事か地方の仕事か

新型コロナウイルスの勢いが止まらない。以前に比べ重症化しない、基礎疾患のない人の死亡者数が減少している、などといわれているが、これだけ病床が逼迫《ひっぱく》すれば交通事故など、いつ襲われるかもしれない緊急事態に適切な医療が受けられない恐れがある。国民全体にとっての差し迫った危機だ。医療現場の逼迫の緩和を狙って国が打ち出したのが、感染者の全数把握の見直しだ。小手先の技にも見えるが、まずはできることから着手しようということだろう。知事会でもその必要性が議論され、多くの専門家も支持していたので、この見直しで関係者は喜んでいるかと思ったが、そうでもないらしい。

コロナで隔離中の首相がウェブで発表した今回の見直しだったが、早々に方針転換を迫られた。「全国一斉」でなく「自治体が判断」する形となったことが不満の原因のようだ。直前まで「医療崩壊を防ぐには全数把握の廃止が不可欠」と大声で主張していた首長が「地方への丸投げだ」などと批判に転じるなど、解せない動きも見られた。門外漢の筆者には詳細不明だが、現下の逼迫状況では診療の妨げにもなりかねない全数把握ならば、その緩和にかじを切らざるを得ないのは当然だ。その場合、地域の医療資源の賦存状況や病床の逼迫度合いに応じて、現場に近い首長が現実的な判断を行うという政策判断は、至極妥当なことだ。

長く国の行政官だった立場から言えば、この「国と地方」の関係はなかなか難しい。普天間基地の辺野古移転の例でも分かるように、国と地方の意見が食い違うことはままあることだ。戦前の官選知事時代の話を持ち出す気はないが、かつての地方自治法には、「職務執行命令訴訟制度」という仕組みがあり、国の機関（いわば「手足」）として国の事務（機関委任事務）を処理する首長が国の方針に従わない場合には、裁判でこの首長を解職する道が存在した。地方分権の本旨にそぐわないとの理由で、１９９１年にこの仕組みがなくなり、99年には機関委任事務自体が廃止された。今や、国といえども地方を意のままに使うことはできないのだ。

農政の世界でも、例えば農地転用の許可権限や農地主事、農業改良普及所などの必置規制を巡り、国と地方の間で論争が続いてきた。国は食料の安定供給という国家的責務を果たすため、農政上の基本的権限は国が持つべきだし、必要最低限の行政組織や職員は全ての都道府県にあまねく設置し、事務を処理させる必要があると考える。地方側は、現場の判断は現場に近い首長が迅速かつ適切に判断すべきだし、どんな組織・職員を置くかも首長の裁量によるべき、との立場だ。

この例でいえば、地方6団体や地方分権改革推進会議などの主張に沿って、農地転用許可権限は原則、都道府県知事に委ねられ、農地主事や農業改良普及所の必置規制もなくなった。結果、行政コスト削減の観点から農政関係組織や職員は減らされ、優良農地確保への懸念や技術普及の拠点と農業現場の距離の拡大などの弊害も指摘されている。コロナ禍で話題になった保健所機能の脆弱《ぜいじゃく》化も、この流れの中にあると言ってよい。

今回の全数把握の緩和も、国は地方自治の本旨に鑑み、自治体が現場実態を踏まえて判断する仕組みとしたのだろうが、自治体は国に縛ってほしいと言わんばかりの反応だ。「地方のことは地方が決める」というご立派な考えがご都合主義の建前に過ぎないのなら、地方分権などやめてしまえばよい。

（日本農業新聞　２０２２年９月７日）


国家公務員だった筆者としては、国と地方の関係について国策の重要性を強調しがちになるのは自覚している。国も地方も民意を反映した行政権の行使であるはずだが、国から見れば、地方の近視眼的な面ばかりが見えてしまう。直接選挙で選ばれる首長がこれを支える行政組織である知事部局に比べ圧倒的パワーを有することは論をまたない。このパワーバランスが国と地方の行政官同士の話し合いに歪みをもたらしてしまうのだ。理屈でいくら話そうにも、「知事が言っている」という言い訳ばかりで物事は進まない。

食料システムの輪を広げよう――ある製粉企業の取り組み

先日、ある製粉企業の新社長就任披露パーティーに出席させていただいた。新型コロナ第7波の中で懸念されたろうが、幸いウィズコロナの意識も浸透し始め、感染防止に十分留意しながらも盛大な開催となった。新社長の意気込みが感じられるあいさつの後、各界の来賓あいさつが続いた。さすが100年企業の伝統であろう、与党幹事長、県知事、農水省局長など、政官界、食品産業界からそうそうたる顔ぶれが並んだ。

パーティーは、この製粉企業が長年事務局を務めている「麦わらぼうしの会」の設立20周年披露も兼ねて開催されたものだ。麦わらぼうしの会は、行政、生産者、集荷業者、製粉企業、製パン・製麺・製菓業者などの2次加工業者、卸売り・小売り・スーパーなどの流通業界、そして趣旨に賛同するサポーター消費者が一丸となって、栃木・群馬・茨城県産小麦の消費拡大を推進する集まりだ。

少し古い話になるが、戦後わが国の小麦生産は、1961年の178万トンをピークにその後一貫して低下を続けた。温暖多湿なアジアモンスーン地帯のわが国では、乾燥冷涼な気候を好む小麦の生産には困難が伴う上、もう一方の主要食糧たる米に対する価格政策や生産政策での手厚い支援、水稲栽培技術や農業機械の革新などもあり、米生産へのシフトが続いた。73年には小麦の生産量は20万トン、自給率は4%にまで低下し、日本は小麦の作付け不適地だといった声まで聞かれ、国産小麦は安楽死したといった論調もあった。

この間、小麦の需要量は逆に増加し続けた。食生活の欧米化や調理の簡便化志向などもあり、パンやパスタ、中華麵、菓子など、小麦を原材料とするさまざまな食品の消費は伸び続けた。残念ながら国産小麦は、その品種特性などにより伝統的な日本麵以外の用途には向かず、このため、消費者の新たな需要に応じて製粉企業が必要とする小麦は、外国産小麦により賄われることとなった。食糧庁が国の責任で輸入調達し供給するという、いわゆる「国家貿易」の仕組みでの安定供給が行われ、いつの頃からか、わが国食糧庁（現農水省農産局）は世界最大の小麦のキャッシュバイヤーとなっていた。

ところが、ここ数年、小麦をめぐる国際状況は激変している。主要生産国の作柄の不安定化に加えて、新型コロナによる世界的な流通の寸断、今年（２０２２年）２月のロシアによるウクライナへの軍事侵攻、急激な円安によるわが国経済力の低下など、平時の国際貿易を前提としたわが国の食料システムは危殆にひんしている。製粉産業もこの影響を受けて、厳しい環境に置かれていることは言うまでもない。

こうした危機的状況は、視点を変えれば、国内の資源や生産基盤を活用して食料システムを健全化するチャンスかもしれない。かつて、うどんしか作れないと言われた国産小麦も、行政や研究者の努力でさまざまな加工適性を有する品種が開発されている。輸出国からバルクタンカーで地球を半周して輸入され、港湾地区で製粉された小麦粉がトラックで全国に配送されるという流通形態は、ＳＤＧｓの観点からも課題があろう。

地域で生産される小麦を地場の製粉企業が粉にして、それを地域の２次加工業者が製品化し、サポーター消費者に届けるという麦わらぼうしの会の取り組みは、大きく様変わりしつつある食料システムの環境変化の下で、ますます注目される取り組みになるだろう。麦わらぼうしの会のような食料システムの輪を米や米粉、酪農・乳製品など多くの作物に広げていくことが、食料安全保障の観点からも重要だ。冒頭の製粉企業である笠原産業の引き続きの発展に期待したい。

（Agrio　427号　2022年11月15日）

競馬法改正が成立——公益貢献へさらに尽力を

〔2022年〕10月3日に始まった今国会もあと数日で会期末を迎える。今国会に内閣からは21本の法案が提出された。うち、農水省提出法案は、「競馬法の一部を改正する法律案」の1本だったが、衆・参ともに全会一致で可決成立を見たのは、喜ばしい限りだ。

わが国の競馬は、JRA（日本中央競馬会）が主催する中央競馬と地方自治体が主催する地方競馬の二つに大別される。コロナ禍の逆風の中でも、インターネット投票システムの普及により、売り上げは好調だ。コロナ前の2019年の全売り上げに占めるインターネット発売の割合は、中央競馬で70％ほどだった。コロナ禍で競馬場や場外馬券売り場での現金発売がほぼなくなったので、大幅な売り上げダウンが懸念されたのだが、21年の売り上げは、対前年比3・9％増の3兆1000億円と堅調だ。地方競馬も同様で、21年度の売り上げは、史上最高の9933億円を記録した。

デジタル弱者の高齢者層を中心に現金発売の停止が大幅な減収をもたらすのではないかとの懸念は、

杞憂《きゆう》だった。コロナ禍での行動制限で巣ごもり需要が拡大し、結果として、競馬主催者は、予想が外れうれしい悲鳴を上げていよう。一方で、過去の馬券発売金額の推移をみると、浮かれてばかりもいられまい。かつて、右肩上がりで増加してきた馬券収入は、中央競馬は1997年を、地方競馬は91年をピークに減少に転じ、その後は、さまざまな振興策を講じても、ほぼ一貫して対前年マイナスを記録してきた。ようやく、あの東日本大震災の年に底を打って以降、何とか右肩上がりに転じている。要は、馬券の売り上げは予測不能であり、普通の商品やサービスのように広告・宣伝や新商品開発で売り上げ向上が図れるものではないということだ。いつまたマイナス基調に転じるかは神のみぞ知るだ。

現下の競馬の盛り上がりを継続できるかは、賭け事としての興奮と信頼をいかに確保し、競馬ファンの心を捉えるような興行をどれだけ提供できるか、にかかっている。その意味で、今般の競馬法の改正はまさに時宜を得たものである。特に14主催者が個別に主催権を持つ地方競馬は、ともすれば規模が小さく興趣に欠ける競馬環境になりがちだ。競走馬の質量両面での脆弱《ぜいじゃく》化や厩舎《きゅうしゃ》・スタンドなどの老朽化も目立つ。5年ごとの時限措置を繰り返してきた地方競馬への支援を恒久化することは、地方競馬主催者が覚悟を持って施設整備や競走体系の整備を図る後押しになろう。

また、賭け事としての競馬の公正確保の観点からは、昨今頻発した競馬関係者による馬券の不正購入や持続化給付金の不適切受給などの不祥事案に対して、罰則の強化や主催者の処分権限の拡充などの措置が講じられた。賭け事には胴元の信用が何より大切だ。そのためには、これに従事する主催者や騎手・調教師・馬主など関係者が一層襟を正して事業に携わる必要があろう。

ファンが拠出した馬券収入は、競馬事業の再生産はもちろん、公益貢献という意味で畜産振興や地方自治体財政にも貢献している。筆者が農水省競馬監督課長を務めていた15年前には、年度末が近づくたびに多くの地方競馬主催者が存続の危機にさらされていたことを忘れてはならない。今般の競馬法改正を契機に、地方競馬主催者においては、競馬事業が将来にわたって安定して運営できるよう、構成団体（都道府県・市町村）との関係も含めて、真剣に取り組んでほしいものだ。

（日本農業新聞　２０２２年12月7日）

２００5年に農水省競馬監督課長に就任したのが、競馬との初めての出会いだった。そこで2年半、その後農水省畜産部長として1年、競馬行政に携わった。どちらも競馬法改正という難題に当たることとなり、ステークホルダーも多様なこの行政の難しさを知った。立場が変わり今は、競馬の収益を畜産振興に還元するための支援事業を活用して、鳥インフルエンザで傷んだわが国鶏卵流通のレジリエンスを強化するための活動に取り組んでいる。我が国の競馬産業の持続的な発展を祈念している。

地方議員に多様な成り手を——公務員も議員の候補者だ

今年〔２０２３年〕は、４年に１度の統一地方選挙の年だ。任期途中での首長の辞任などもあり、統一地方選挙として一斉に実施される選挙数は漸減傾向のようだが、有権者の関心が低い地方選挙を同一時期に施行することで投票率の向上につなげようという取り組みは、意義あることだ。

近年、市町村議会議員、特に人口減少市町村における議員への成り手不足が深刻だ。無投票当選となる事例や、定数に達せずやむなく欠員補充選挙となる事態も見受けられる。地方議会の活性化については、首長と議会の二元代表制を改めるべき、とか、都道府県と市町村の二段階の地方自治制度を改めるべき、といった大議論もあるが、なかなか実現しない。

このため、現行制度を前提とした改善策を模索する形で、先般の第33次地方制度調査会でも、「多様な人材が参画し住民に開かれた地方議会の実現に向けた対応方策に関する答申」が行われている。サラリーマンが参加しやすいように、夜間や休日に議会を開催したり、女性や若者、とりわけ育児や介護に携わる者が議会に参画しやすいよう、出産・育児・介護休暇の導入やSNSなどによるオンライン参加の可能性などの改善策がうたわれている。また、議員報酬の在り方も議論すべきとの記述もあるが、ただでさえ財政基盤が脆弱《ぜいじゃく》な自治体にとっては高いハードルだし、有権者の理解を得ることも難しかろう。

市町村議会議員の成り手不足には、幾つかの原因が考えられる。議員報酬の水準もそうだが、4年ごとの選挙という身分の不安定性も大きい。かつては商店主や家作持ちなど地元の名望家が半ば名誉職として務めることも多かったが、地域の商店街がシャッター通りとなり、土地持ち・家作持ちは都会へ住居を移すといった中で、成り手を見つけることはますます難しくなっている。

そんな中で、良質な公職候補たり得る公務員を公職選挙から排除している現行制度に疑問を呈したい。公務員と議会議員は公務労働を担う点で同種・同様の立場にあり、自治体運営や行政監視という意味では、公務員は議員以上の知見と能力を有している。もちろん、首長が人事権を持つ当該市町村の公務員が、首長の権限をチェックするべき議会議員となることは、首長におもねった議会となりかねず、どこかの国の首相官邸におもねる中央官僚のようになっては大問題だ。従って、市町村職員については、所属する自治体の議員にはなれないものの、近隣市町村での立候補を認めることとすればよかろう。また、都道府県職員や国家公務員が、その出身市町村の議会議員となり、長年培ってきた公務労働での知見を生かすという考え方も、有意義だ。人材版の「ふるさと納税」とも言える。都道府県対抗駅伝の「ふるさと制度」の仕組みにも似たものであり、成人し地元を離れた公務員諸兄が故郷の自治体のために一肌脱ぐことは、否定されるべきことではないだろう。

この提案には、反論があることも承知している。いわく、公務員は全体の奉仕者であって特定の党派の利益を代表する者ではなく、党派性のある公職選挙に立候補できないのは当然だと。公務員が全体の奉仕者であることに異論はない。だが、自治体全体に責任を負うべき議会の構成員となることに矛盾はあるだろうか。ドイツをはじめ西欧諸国では、議員在職中の公務労働からの隔離など一定の制約下で、公務員の議員としての活動が認められている。特定の団体への便宜供与が疑われたり、政治資金規正法に抵触し修正報告を余儀なくされたりする「議員先生」と比べれば、真面目な公務員諸兄の方が全体の奉仕者として、はるかにふさわしい。

（Agrio ４３５号　２０２３年１月17日）

深刻化する鶏卵不足——多用途へ安定供給確保を

鶏卵価格が高騰している。価格のみならず供給量も不足しているようだ。「エッグサイクル」という言葉があるように、もともと鶏卵価格は年間を通して高低が避けられないが、今回は異常だ。例年だとおおむねキロ160円から230円までの間で推移する鶏卵の卸売価格が、足元では300円を超えている。

一昨年〔2021年〕来の輸入農産物や燃料の価格高騰とこれに起因する配合飼料価格の上昇に加え、昨秋からの鳥インフルエンザの頻発により殺処分が全飼養羽数の9%を超え、生産基盤自体が大きく毀損《きそん》していることが原因だ。配合飼料価格について前例のない補塡《ほてん》対策が行われているものの、防疫のための殺処分が養鶏業者の営農意欲に水を差しかねない状況だ。

長らく物価の優等生と言われ続けてきた鶏卵だが、実はリスクとの共存状態だった。わが国畜産に共通する輸入飼料依存の脆弱《ぜいじゃく》性は言うまでもないが、生産性向上のための飼養羽数の拡大が感染症発生時の供給リスクを増大させている。アニマルウェルフェア（快適性に配慮した家畜の飼養管理）意識の高まりも、この産業の将来に影を落としかねない。

そもそも小売りの特売で鶏卵10個が100円で売られていたことが異常なのだ。こんな価格は、世界中どこを探しても見当たらない。農家の投下労働量や生産・流通・販売コストを考えれば、この価格で持続可能な再生産が行われるわけはない。短期のエッグサイクルの中で、価格が少し上下するたびに生産調整と増羽が繰り返されるような不安定な産業構造でよいはずはない。

今般の鶏卵不足で明らかになったことの一つに、鶏卵が直接消費用として家庭や外食などで大量に消費されているだけでなく、食品産業においてさまざまな食品の原材料として幅広く活用されていることがある。

マヨネーズやドレッシングはもちろん、菓子やパン、麺、ハム・ソーセージ、水産練り製品、調味料などその裾野は広い。現時点で家庭消費用の鶏卵に不足感は見られないものの、業務用・加工用の鶏卵需給は極めてタイトであり、食品製造現場では原材料の鶏卵不足が深刻だ。農水省は家庭消費向けの優先確保（小売りの鶏卵売り場の確保）を要請したが、同時に不足している業務用・加工用への供給配慮も必要だ。

直接消費用も業務用・加工用も含めた鶏卵の自給率は96％という極めて高い水準だ。にもかかわらず今般のような需給逼迫《ひっぱく》時に、家庭消費向けの供給を優先し、業務用・加工用への供給をないがしろにするようでは、食品産業界としては輸入品に頼らざるを得なくなろう。いったん輸入品利用のための設備投資を行えば、たとえ国産鶏卵の供給が回復したとしても、「ハイそうですか」と国産品には戻れない。農水省は常日頃から、野菜などの自給率向上のために、「業務用需要の国産品での置き換え」を訴えているが、今回の鶏卵不足時の対応は、これと逆行するものだ。自給率向上のキーワードである「需要に応じた生産」の観点からも、直接消費用、業務用・加工用ともに、平等な取り扱いが行われるべきだろう。

今般の需給逼迫は鳥インフルエンザという外的要因によるものではあったが、当面特効薬がない以上、今後も同様の事態が想定される。
この機会に、国産鶏卵の多用途への安定供給が図られるような鶏卵産業システムの構築が必要だ。持続可能な生産構造を確立すると同時に、業務用・加工用についても、直接消費用と同様、安定価格・長期契約といった商慣行の定着が求められる。行政の善導を期待する。

（日本農業新聞　2023年2月15日）

2024冬シーズンも鳥インフルエンザが頻発している。本コラム執筆時に次ぐ殺処分数で鶏卵価格も高騰中だ。2022冬シーズンの反省に立って、行政主導で鶏卵流通レジリエンス強化のための取り組みが始まっている。食品産業センターの場を舞台に、養鶏業界、卵業業界、食品加工業界を巻き込んで、持続可能な鶏卵生産・流通の将来像を検討している。今後の展開を期待したい。

一関の餅料理で食文化を考える――ユネスコ登録から10年

ここ数年来、食料・農業・農村政策に関する講演で、全国各地に赴く機会が多い。長く農林水産省で政策立案と行政運営の実務に携わってきたので、今でも農協系統や土地改良組織の皆さん、地方行政関係者の方々などから、お声を掛けていただいている。

先日、講演の後、岩手県一関市まで足を延ばして念願の「餅ごぜん」を食した。9種類のとりどりの餅がお膳に並べられており、見た目も美しく、また美味だった。あんこ餅、ずんだ餅はなじみのものであるが、じゅうね（エゴマの実）餅などは初めて目にし、口にするものだ。店の案内書きによると、一関では餅料理は、冠婚葬祭、季節の行事食、おもてなしなどでの最高のごちそうとされており、地元産のもち米（コガネモチ）を水だけで炊き、つき上げている。砂糖その他の調味料や添加物は一切使用していない伝統的な製法だそうだ。もち米以外の具材も極力地元産にこだわっており、まさに地産地消ここに極まれり、といった料理だった。

岩手に限らず、全国各地には、さまざまなご当地の伝統食がある。農水省のホームページでも「うちの郷土料理――次世代に伝えたい大切な味――」として、47都道府県の伝統食が数多く紹介されている。どれもこれも、地域の特産物を活用した素朴で懐かしいものばかりだ。その多くがいわゆる「和食」の範疇に入るものだろう。

食文化・食習慣は、地域の気候・風土や原材料によるところが大きく、本来保守的なものだ。わが国では長い間、米麦を主食に、みそ、しょうゆといった発酵調味料による汁物と野菜や水産物という地場食材の一汁三菜が基本だった。地域で採れる農林水産物をベースに、毎日の食卓が営まれていた。正月には餅を食べ、お彼岸にはおはぎや牡丹餅《ぼたもち》を食べる。桃の節句にはひなあられを、端午の節句には粽《ちまき》を食べる。行事食の中心には、いつも米が存在している。全国津々浦々で作付け・収穫されるのが米なのだ。

1960年代以降、経済成長による国民所得の増大と消費者の食の嗜好の多様化などにより、食生活が大きく変容してきた。商店街には、街の中華料理店はもちろん、ステーキハウスやイタリアン、フレンチ、インドなどの各国料理専門店があり、いつでもどこでも世界中の料理を楽しむことができるようになってきた。このことは、消費者にとっては素晴らしいことなのだが、一方で、限られた胃袋の中での競合が激化することにより、わが国の主食である米の消費量が劇的に減少する事態を招くこととなった。１９６２年に１人当たり年間１１８キロだった米の消費は、２０２０年には51キロまで落ち込んでいる。消費が減って、作っても売れない米の代わりに何を作るのか。１９６９年から始まった米の生産調整の50年余も続く苦闘の歴史である。

繰り返すが本来、食文化・食習慣は保守的なもののはずだ。その地で採れる物を毎日いただくのが基本だ。食料自給率云々、フードマイレージ云々、食料安全保障云々と大上段に構えなくても、それが自然で当たり前のことだ。昨今のＳＤＧｓやみどりの食料システム戦略も、根っこは一緒だ。

早いもので、今年は和食がユネスコ（国連教育科学文化機関）の無形文化遺産に登録されて10年になる。当時担当の農水省総括審議官として、うれしい第一報に接した時のことは忘れられない。登録までの間、官民挙げての要請運動などで大いに盛り上がったのだが、その後の活動については耳にすることが少なくなった。もう一度、この国に根差した食文化である米を中心とした和食のことを考えて、日々の食卓に向かい合うこととしよう。講演後には、ご当地のおいしい伝統食を味わうことも忘れまい。

（Agrio ４４３号　２０２３年３月14日）

将来人口予測と外国人労働者——覚悟をもった選択だろうか

先月〔2022年4月〕末、二つの興味深い報告書が相次いで発表された。国立社会保障・人口問題研究所の「日本の将来推計人口」と、出入国在留管理庁の「技能実習制度及び特定技能制度の在り方に関する有識者会議の中間報告書」だ。

中間報告書は、外国人の技能実習制度と特定技能制度の在り方について、昨年秋から急ピッチで行われてきた議論を取りまとめたものだ。新型コロナ禍で顕在化していなかった人手不足の問題がいよいよ待ったなしの状態になり、わが国の労働市場における外国人の取り扱いを何とかしなければとの思いは、外国人労働者受け入れの是非の立場の違いはあれ、共通のものだろう。まして、米国から「人身売買」だと指弾されるような現行の技能実習制度を放置するわけにはいくまい。中間報告書でも、真っ先に「現行の技能実習制度を廃止して人材確保と人材育成を目的とする新たな制度の創設を検討すべきである」とされている。

技能実習法第3条には、「技能実習は、労働力の需給の調整の手段として行われてはならない。」との基本理念がうたわれてはいるが、現実には、技能実習生が企業の労働力として貢献しており、制度目的と運用実態が乖離《かいり》していることは、この報告書も認めている。人手不足に悩んでいる農業分野も食品製造業分野も、技能実習生の受け入れが進んでおり、今や、わが国の食料システムの円滑運営にとって、その存在は欠かせないものとなっている。

人材育成による技術移転・国際貢献を建前とする技能実習制度とは別に、安倍政権末期の２０１９年に導入された在留資格として、特定技能制度が存在する。一定の知識・経験を必要とする1号と熟練技能を必要とする2号に区分され、1号は技能実習生の在留期間（5年間）の事実上の延長措置であり、農業や食品製造業でも数多く活用されている。一方、2号は1号経験者の受け皿として想定されたのだが、在留期間に上限がなく、家族帯同が可能であるなど、事実上の移民とも言えるもので、現時点で建設業と造船・船用工業の2分野のみに限られている。資格保有者も、1号の14万人余に対し、2号はわずか10人にとどまる。

今回の有識者会議の議論と並行して、この特定技能2号の分野拡大も検討されているようで、1号資格者が5年間の在留期限を迎える来春までに、何とか在留期限のない2号資格者に移行できるよう検討が進められているもようだ。こちらは、法改正が不要で政省令レベルで対応可能なようで、議論の展開次第では技能実習制度の見直し以前に前倒し措置される可能性が高い。

一連の見直しが行われれば、いずれ、技能実習生としてわが国の土を踏んだ外国人が、数年のうちに特定技能1号資格を経て、在留期限がなく家族も帯同できる特定技能2号資格へと移行・定着するキャリアパスが構築されることとなろう。長い間この島国で外国人と長期間・密接に接触する経験なく暮らしてきた多くの日本人にとって、宗教や文化、風俗・習慣が異なる外国人と共に暮らしていくことは、容易なことではなかろう。

冒頭の将来推計人口によれば、わが国の人口は２０７０年に８７００万人となり、うち高齢者（65歳以上）が約4割に上る一方、外国人が1割を占める。人口減少の中でわが国経済を回していくためには外国人労働力が不可欠だ、といった近視眼的な発想ではなく、その時、わが国の安全、安心、景色はどうなるのか、日々の暮らしや社会は回るのか、縮んでいく日本と日本人が覚悟をもって考え、選択をしなければならない問題だ。

（Agrio ４５１号　２０２３年5月16日）

公務員の再就職規制——行政能力の劣化を憂う

今回はいささか毛色の違った話をさせていただく。

江戸時代、罪を犯し遠島・島流しになった者には二の腕に入れ墨が入れられた。個人識別方法がなかった時代に、罪人の取り違えを防ぐという便宜もあったにせよ、罪を償った後も、その入れ墨のせいで社会復帰がかなわなかったことも多かったろう。一度罪を犯した人間には死ぬまで消えぬ烙印《らくいん》が押されたわけだ。

某省高官ＯＢが、後輩ＯＢの退職後の勤務先に働きかけをしたなどとして、一部マスコミから批判を浴びた。政局の風が強くなり政府・与党の失点探しの野党からは、またぞろ公務員の再就職規制の強化の声が上がっている。平成中期の公務員制度改革法の施行により、退職公務員の再就職については、それまでの人事院による承認制から、内閣人事局への届け出と行為規制、さらには再就職監視委員会による厳しい調査・監視の網が張られており、同時に導入された現職公務員による再就職のあっせん禁止により、現職公務員組織としての人事調整はもはやできなくなっている。

退職公務員といえども、かすみを食って生きていくわけにはいかず、役人時代の知見を唯一の武器としてＯＢも含めた友人知己のつてを頼りつつ就職先を見つけているのが現状だ。役人時代に培った知識や専門性に加えて、客観的に物事を見る習慣や第三者への説明能力、収賄罪や倫理規程という民間にはないルールに裏打ちされた「身ぎれいさ」などを備えており、再就職先にとってもそれなりに役に立ち、存外重宝される場合が多い。民間の給与処遇の相場観から見て役人ＯＢは総じて「安上がり」だし、最近は特に女性人材も重宝されている。

そんな中で、今回の事案を契機に、現職公務員による「あっせん禁止」をＯＢにまで拡大しようという動きがあるようだ。役人ＯＢといえども国民の一人であり、憲法に定める基本的人権は保障されなければならない。そもそも公務員は公職選挙への立候補の禁止や兼業の原則禁止など、職業選択の自由が大幅に制約されている。これもひとえに、客観・中立・公正な立場で公務労働を処理するためという、その身分に着目した制約だ。公務労働から離れた人間にまで、一度でも役人をやった人間は民間人になってからも自由な職業選択ができないような規制を導入しようというのなら、これは憲法違反だし、まるで冒頭で触れた江戸時代の二の腕の入れ墨のようなものだ。

一時の怒りの矛先を公務員に向けて留飲を下げるのは、この国ではよく見られることだ。かつては「その存在が違憲だ」という論調で自衛隊がいわれなき差別を受けた時代もあった。野党もマスコミも、役人たたきをしておけば、どこからも文句は出ない上に政府不信の国民も喜ぶので、体の良いスケープゴートにされてきた。過去いくたびかの役人たたきや国会待機に代表される政治とのいびつな関係もあり、今や霞が関はブラック企業の代表だ。

そのせいなのか、中央官庁志望者数が年々減少していると聞く。若手の中途退職も後を絶たない。公務労働を目指す優秀な人材の枯渇は、わが国の公務労働、つまり行政能力の劣化につながることを忘れてはならない。今年（2023年）の幹部公務員試験合格者の東大出身割合が過去最低となったらしい。筆者は東大出身ではないが、平均的には「優秀な」人材が多いこの大学の出身者が、「ばかばかしくて役人になんかなれるか」との思いを強くし、外資やコンサルの高い給与と役人よりはるかに恵まれた労働条件を目指すとしたら、この国にとって危険な兆候と言わざるを得まい。

（日本農業新聞　2023年6月21日）

「ワニの口」に思う――財政当局の矜持を

「ワニの口」という言葉がある。わが国の財政収支が悪化していることを財務省など財政均衡論者がビジュアルに分かりやすく示す言葉として、使われている。金額を縦軸、時系列を横軸に取って、財政支出と財政収入を折れ線グラフで表す場合に、その差が拡大している状況を、ワニが大きく口を開いたさまになぞらえて表現したものである。（次頁のグラフを参照）

わが国の財政法は、国の歳出は「建設国債」以外の歳入をもって財源としなければならない（財政単年度均衡原則）とし、戦後長らく、この規律が守られてきた。1965（昭和40）年の「証券不況」当時、政府は初めて「赤字国債」の発行を余儀なくされたが、その後10年間は、高度経済成長末期の

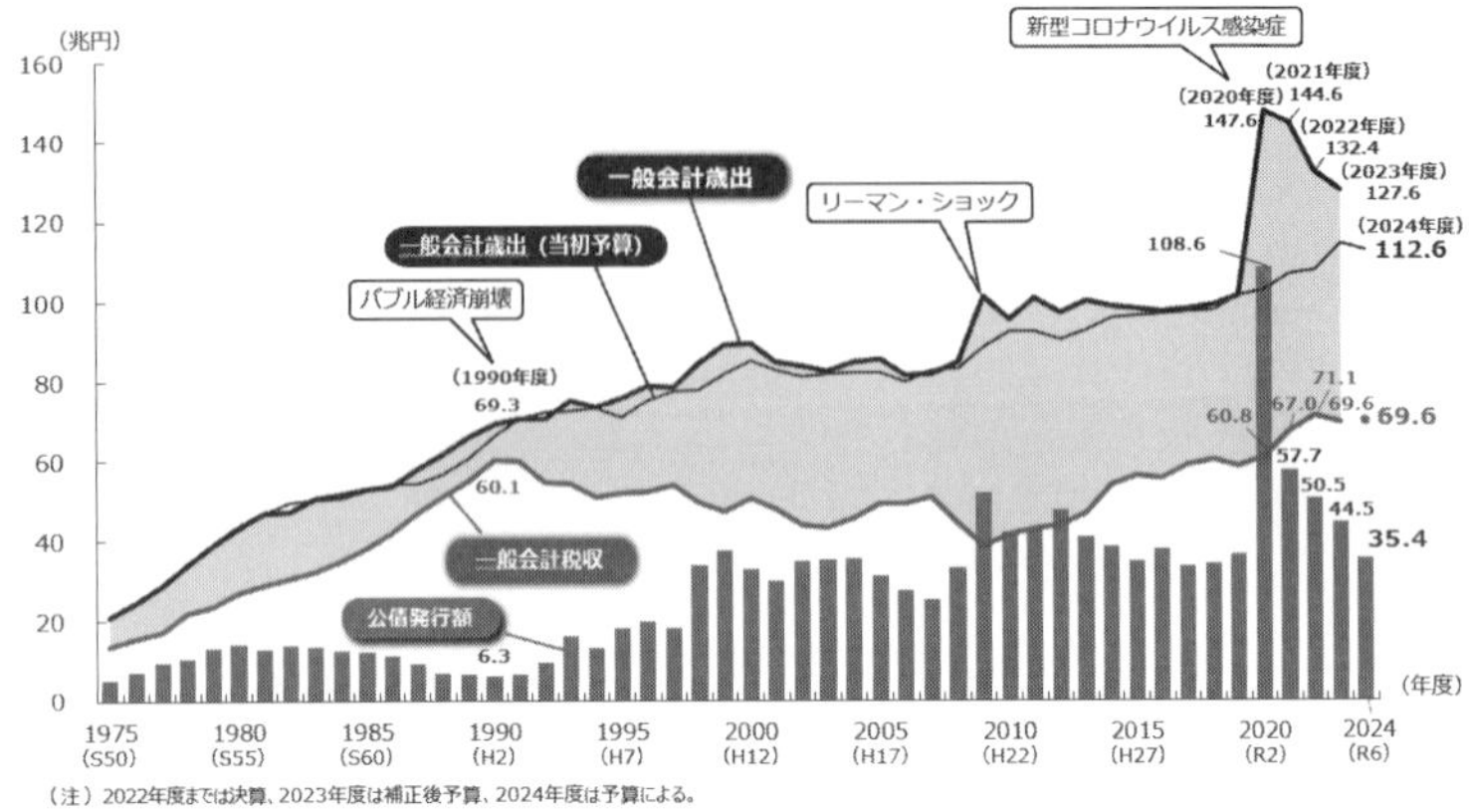

出所：財務省キッズコーナーより転載

好景気を背景に、歳入超過の状況が続いた。

この頃の政府は、毎年の歳入超過分を活用して所得減税を連年実施していた。地方公務員だったわが父の12月の給料袋が、人事院勧告と減税による年末調整で膨らみ、家族が何となくご機嫌だったことを子供心に記憶している。歳入超過分を減税で納税者に還元するという当時の話は、一見、現下の岸田政権の減税案にも通じるようにも思えるが、10年以上歳入超過が続いた当時と、プライマリーバランス（基礎的財政収支）すら達成できない中でたまたま歳入が前年度を上回った状況が複数年続いた現在を、同列に論じるわけにはいくまい。

本稿が読者の目に触れる頃には、総合経済対策が閣議決定され、２０２３（令和5）年度補正予算編成が佳境に入っていることだろう。ここ3年余の新型コロナウイルス対応の大判振る舞いも収束には向かうのだろうが、一方で、解散総選挙という政治の季節が近づいたり遠のいたりする中で、「有権者に優しい」政策への誘惑は与野党ともに断ち切れないのかもしれない。

ロシアのウクライナ侵攻を契機とした安全保障議論の盛り上がりの中で、防衛予算の5年間での倍増が昨年〔2022年〕決定されたが、それに伴う増税は早くも先送りされそうだ。広義の安全保障である経済安全保障の名目で、半導体やレアメタル（希少金属）など特定重要物資に対する莫大な財政支出も現実化しつつある。3・5兆円規模の異次元の少子化対策も、なかなか中身は見えないが、補正予算や2024（令和6）年度予算編成で実現されるのだろう。霞が関の官僚機構は、政権がまとっている雰囲気を敏感に察知するもので、自らの所掌分野について、「バスに乗り遅れるな」の掛け声の下、財政膨張圧力はいや増すことだろう。

昨年来、防衛予算の増額や経産省主導の奇妙な経済安全保障予算だけではなく、国民の日々の暮らしに不可欠な食料安全保障にこそ真剣に取り組むべきだと発信し続けている筆者は、むろん単なる財政均衡論者ではないのだが、昨今の怒涛の財政依存には、将来への不安を禁じ得ない。霞が関・永田町で、この国の国民のための唯一かつ最後のとりでとして、財務官僚の矜持に期待するのは酷だろうか。

（Agrio 475号　2023年11月7日）

基金の点検・見直しが決着――農業者との約束、忘れまい

ゴールデンウイーク直前の先月〔2024年4月〕22日、政府は、「基金全体の点検・見直しの結果について」という文書を公表した。昨年秋に首相の指示で点検・見直しが開始され、年度内に結論を

得るとされていたものだ。

昨年の首相指示以降、河野太郎行革担当相の下で点検作業が行われていたが、担当相の性格からも、全ての基金について聖域なき見直しが強行されるのではないかと関係者をやきもきさせていた。結果的に農水省所管の56基金のうち21基金については、引き続き基金事業として継続されることとなり、さらに、環太平洋連携協定（ＴＰＰ）合意に伴う国内対策として導入された畜産クラスター事業や産地パワーアップ事業など7基金については、終期の設定も行われないこととされた。

国の予算措置については、財政単年度主義に基づき、原則としてその年度の歳出はその年度の歳入により賄われることとされている。基金事業はその例外となるもので、災害や事故など予期し得ない事態に対処するための事業に要する経費など、あらかじめ予算額を確定・計上し得ない場合などに設置が認められてきたものだ。天候や動植物の生殖行動に依存する農林水産業の特性上、農水省施策においては古くからこの基金事業という形態が活用されてきていた。

昨今、この基金事業に対する風当たりが強くなり、今般の点検・見直しに至った背景には、コロナ禍における補正予算を活用した民間団体への丸投げ基金や経済安全保障に名を借りた大企業向けの支援のための巨額の基金などが相次いで設置されたことがある。以前から存在する真面目な基金にとっては、いわばとばっちりとも言えそうな今回の点検・見直しだったわけだ。

霞が関には「横並び」の悪弊がある。自分の役所だけが被害を受けるのは絶対に許せないのだが、全省庁一律カットならばやむを得ない、と考えがちだ。毎年度の予算編成でも一律カットのシーリング方式はもう何十年も行われている。今回の基金の点検・見直しでも、ともすれば一律廃止や一律終期設定ならやむなしかと危ぶまれていたのだが、先述の通り、農水省基金の中でも関係者の逆鱗《げきりん》に触れかねないいくつかについては、何とか例外的措置となった。

これらの例外扱いとなった基金の多くは、2015年のTPP大筋合意に伴う国内対策として導入されたものだ。TPP協定で将来的に国境措置が脆弱《ぜいじゃく》化していく中で体質強化を図るための支援であり、仮に基金に残額があるのなら、埋められない内外価格差の補塡《ほてん》にも使われるべきものだ。

そもそも、「農林水産物の重要品目について、引き続き再生産可能となるよう除外または再協議の対象とすること」という国会決議が存在する中で、困難な国際交渉を経て実現した大筋合意ではあったが、この合意内容だけでTPP協定の国内批准手続きを進めるには厳しい内容だった。

そのため、時の政府・与党は、十分な国内対策との合わせ技で何とか農業者の理解を得たわけだ。つい10年前のそんな大事な経緯や約束事を忘れるようでは、いつか来た道をたどりかねず、大変な事態に発展しかねなかったが、ここは農水省も与党も大いに奮闘努力をしたようだ。

今回の点検・見直しで、本来はメスが入れられるべきだった、あれやこれやの巨大基金がどうなったかについてはコメントしないが、食料・農業・農村基本法の改正など食料安全保障議論の高まりの中で、食料の安定供給に欠かせない国内農畜産業生産基盤の維持拡大のための基金事業が継続されたことは、一安心である。

（日本農業新聞　2024年5月15日）

外国人労働者とこの国の形――立ち止まり考えるべき時を逃すな

コロナ禍も明けて先日、久しぶりに海外出張に出掛けた。中東と欧州を短時日で駆け抜ける強行軍だった。初めての中東は、なるほど異邦人の世界だが、街中は東京と何ら変わらない近代都市に見えた。10年ぶりとなる欧州は、10年ひと昔で隔世の感があった。どちらの滞在も、わが国に引き直してみると感じるところが多かった。

最初に訪れたアラブ首長国連邦（UAE）は人口1000万人足らずだが、もともとの首長国民（「エミレーター」と言うらしい）は100万人ほどで、その他は建国後に世界中から働き手としてやって来た外国人労働者とその家族だそうだ。豊富な石油・天然ガス資源を背景に所得税がないなど、働きやすい環境のようだが、エミレーターと外国人労働者の間には強烈な所得格差と実質的な職業・居住環境の区分があるようだ。一見すると建国から半世紀余りで築き上げられた、成功した先進社会のようだが、現実には人口の9割を占める外国人労働者を前提とした、危うい秩序の上に成り立っているのかもしれない。数日滞在する旅行客には分からない、さまざまな課題やあつれきもあるのではなかろうか。

次に訪れたドイツは筆者が約30年前に数年過ごした国であり、懐かしい限りだった。堅実で頑固な国民性もあり、自然環境はもとより街中の景観や食事のメニューなどにほとんど変化はなかったが、ここでも目についたのは外国人労働者だった。もともと同国は敗戦後の奇跡の経済復興といわれた1950年代から、トルコ人を中心に大量の外国人を受け入れてきた。経済的理由のみならず、人道的見地から庇護権（Asyl Recht）という政治的亡命者に対する権利が認められていたが、さらに2015年の法改正で亡命者への支援水準が引き上げられた。同時期に発生した大量の国際的難民について、当時のメルケル政権が受け入れを決定してからは、地方の小町村にも相当数の難民受け入れが義務付けられているようだ。

旅行ガイドの日本人女性の言によれば、数年にわたる難民1人当たり100万円以上ともいわれる受け入れ経費の増嵩《ぞうすう》と最近のエネルギー価格の高騰が家計に大きな負担となっており、独市民の意識も変わってきているようだ。直近の欧州連合（EU）欧州議会選挙で、難民受け入れに反対する極右勢力「ドイツのための選択肢（AfD）」が議席増となったのも、こんな背景があるのだろう。

翻って、人口減少が避けられないわが国でも先月、外国人労働者の受け入れに関わる重要な法改正が行われた。国際社会において人権侵害など悪評ふんぷんだった、わが国の技能実習制度を抜本的に改める「外国人の育成就労の適正な実施及び育成就労外国人の保護に関する法律」が制定された。これに先立って特定技能制度の改正・拡充も行われ、多くの業種で事実上、滞在期限なく家族帯同も可能な特定2号の導入が決定した。飲食料品製造業や農業の分野でも、既に特定技能2号の試験が行われ、数百人単位で合格者が生まれている。

言語、宗教、育児、教育、そして雇用と後々まで影響は続いていく。育成就労制度の導入と特定技能制度の拡充による事実上の外国人労働者の永住・受け入れ態勢はできてしまったようだが、UAEやドイツと違い、移民受け入れ経験のないわが国にはどんな影響が生ずるのだろう。将来を左右する重大な政策決定を性急に行ってしまえば、将来に禍根を残しかねない。まだ遅くはないので、この国の将来像をどのように描き、その社会・経済を支えるのは誰であるべきかについて、真剣に論じ合うべきだろう。

（Agrio 507号　2024年7月2日）

ドイツでは、ついにショルツ政権が不信任となり2025年2月に総選挙が行われる。結果を予断できないが、いずれにしろ過激右翼のAfD（ドイツのための選択肢）が大きく勢力を伸ばすだろう。よもやとは思うが政権獲得などとなったら大変な事態だ。「移民が是か非か」といった単純な二項対立では現実の社会は割り切れないのだが、あまりに移民の存在がドイツ国民にとって受け入れがたい状況になれば、たわんだ枝が弾けるように、逆コースをたどりかねない。翻って、移民受け入れ経験のない我が国では、もっと大変なことになりかねないわけで、本コラムでも取り上げたように、立ち止まり、落ち着いて考えるときにちがいない。

食品ロス削減とフードバンク――政府全体で実効ある仕組みを

フードバンクという言葉をご存じだろうか。「食品企業から発生する規格外品などを引き取り福祉施設等へ無料で提供する団体や活動」（農水省ホームページより）のことだ。まだ食べられる食品を消費につなげる仲介役であり、食品企業にとっては、廃棄コストの削減や社会貢献として、消費者にとってはさまざまな理由により食料へのアクセスに困難を来している人への助けとして、ウィンウィンの活動である。行政も、食品ロスの削減や食料の安定供給の観点から、消費者庁や農水省などを中心にその推進に当たっている。

２０１９年に制定された食品ロスの削減の推進に関する法律等に基づき、現在、食品ロスの発生量を30年までに半減するという目標が設定されている。事業系の食品ロスについては既にこの目標が達成されているが、次のステップをにらんで、もう一段の食品ロス削減にはこのフードバンク活動が重要との判断だろうか、消費者庁は先般食品寄付推進のための官民協議会を立ち上げた。

官民協議会では、事業者、フードバンク、仲介業者、そして支援を受けるみんなが安心してこのシステムに関われるためのガイドラインを年度内に制定するという方針が示された。筆者も協議会に参加しており、狙いや趣旨は大いに結構なのだが、その道のりは平たんではなさそうだ。食品事業者としては、丹精込めた商品の賞味期限が切れてしまい、コストをかけて産業廃棄物処理をするよりも、まだ食べられるうちにしかるべきところに寄付をして、みんなに喜んでもらうに越したことはない。一方で、寄付された商品に起因して食中毒が発生したり、寄付されたはずの商品がフリマサイトでたたき売りされたりしたのでは、善意の趣旨が台無しになるだけでなく、食品事業者にとっては大きなレピュテーションリスク（企業の信頼や評判が損なわれる危険）にさらされることとなる。

これらの事態をどう回避するかは、この問題の解決にとってとても重要だ。諸外国には、「善きサマリヤ人の法（窮地の人を救うために無償・善意の行動をとった場合には、結果責任を問われない）」の考え方によっている国も多く、本来は、わが国でも、その趣旨での法制化の是非を議論すべきだろう。

法制化の問題以外にも、現実にこの壮大な食品寄付のシステムを円滑に回すためには、食品事業者が提供する商品の品代をどうするかや、運搬・保管・配送などのコストを誰がどのように負担するのかといった難しい問題がある。今は、事業者やフードバンクそしてそれを取り巻くボランティアの善意に支えられているのだが、食品ロス削減という大きな目標実現のために寄付の物量を増やそうというのであれば、システムとしてきちんと循環する仕組み作りが欠かせない。「企業がＣＳＲ（企業の社会的責任）の一環で商品を出せばよい」とか「畑にすき込まれる過剰農産物や市場ではねられる規格外品を提供すればよい」といった論調も見られるが、企業の本来の事業活動や農家の再生産確保のために行う需給調整などに影響が出る取り組みでは、当事者の理解は得られまい。

難題が山積する本件に消費者庁が目を向けたことは、まずは喜ばしい限りだ。先般の食料・農業・農村基本法改正においても、「一人一人の食料へのアクセス」が食料安全保障の一環として定義付けられたところでもある。消費者庁はもとより、農水省や厚生労働省、環境省など政府を挙げて、しっかりした予算的な裏付けのある持続可能で実効ある制度を作ってもらいたい。

（日本農業新聞　２０２４年7月17日）

その後、２０２４年12月の第3回官民協議会を経て、食品寄附推進のためのガイドラインがまとまった。適正フードバンクの第三者認証の仕組みや、関係者のリスクヘッジのための保険制度の導入、寄附促進税制の検討など仕掛かりの課題は多いものの、まずはステークホルダーが参集しひとつの方向を向いたことは喜ばしい限りだ。究極のテーマである「善きサマリア人の法」実現に向けた、善意の第三者による行為の免責のための民法改正を引き続き求めていきたい。

高木賢さんをしのんで

高木賢さんの訃報に接した。農林水産省で筆者より15年先輩に当たる。ご縁があって入省以来さまざまな場面でお仕えし、ご指導いただいた大先輩の訃報は残念でならない。農水省では大臣秘書官、官房企画室長、農政部長、官房長、食糧庁長官など要職を歴任された。

筆者が在ドイツ日本大使館の農務官として勤務していたとき、農政部長として来独され、ドイツ発祥の「我が村を美しく運動（Unser Dorf soll schöner werden.）」を視察された際にご一緒させていただいた。30年前の当時は食料・農業・農村基本法の制定前であり、農水省で農村政策が正面から扱われる時代ではなかったが、農業の振興・発展だけでなく、地域をどう活性化させるべきかという問題意識の下、地域と切っても切れない生産活動である農業が産業政策の論理だけでは立ち行かないことを、同国の顕彰制度を視察する中でご教示いただいた。

高木さんが農産園芸局長だったときには、米の生産調整政策を担当する課でお仕えした。適地適作の推進という観点から、減反面積の有償取引とも言うべき「全国とも補償制度」の実現に向けて取り組んでいたところ、思いがけず大臣秘書官の内示をいただいた。高木局長からは、ご自身の経験を踏まえた秘書官心得を丁寧にご訓示いただいた。東京都江戸川区平井に居住する大臣の秘書官となるに当たり、大臣に誠心誠意、伏して仕えよ、との思いを込めた「荒川の　伏して平井に　泉湧く」の一句を頂戴したことは生涯の思い出だ。

その後、食糧庁長官となった高木さんに国際担当官としてお仕えした際は、1999年の米関税化直後のミニマムアクセス米の運用に当たり、難しい米国との交渉方針などでご指導いただいた。また「まず隗《かい》より始めよ」ということで当時、食糧庁内でも一般的だった会食開始時のビールでの乾杯を、米の消費拡大という観点から「清酒にしよう」とおっしゃったことも懐かしい。無類の日本酒好きだったためかもしれないが、所掌業務への熱い思いを感じさせる逸話だ。

農水省退職後は司法修習の道を選択し、長く法曹界で活躍された。6年前に筆者が退官のごあいさつに東京・麴町の法律事務所にお邪魔した際、役人を辞め、どこか元気のなかったであろう筆者に「人生これからが本番だぞ」と厳しい激励をいただいたことが、きのうのことのように思い出される。縁あって、食品産業センターやJA全農、地元の土地改良区など、食料・農業・農村に関わる仕事を続けさせていただいているが、折々に激励の電話を頂戴した。常にお心に掛けていただいたことに深く感謝している。

数年前ご自身が当欄を退かれる際にご連絡いただき、執筆依頼を頂戴したことは光栄の限りだ。高木さんの足元にも及ばぬ浅学非才の身ではあるが、少しでもお役に立てればという思いである。晩年は闘病生活の中でも、さまざまな集まりに顔を見せられ、後輩への激励・指導を続けられた。お好きなアルコールも召し上がられ、お元気なご様子だったところの訃報となった。ご指導いただいた高木先輩に恥じぬよう、精進していきたいと思う。ご冥福をお祈りする。

（Agrio 531号　2024年12月24日）

第八章　食料安全保障と農政

一　新型コロナと食料安全保障

新型コロナ感染症が我が国で発生してから、3度目の秋を迎えた。幾度かの感染の大波を繰り返しつつも、ワクチン接種や経口薬の開発、国民の感染予防対策の励行などにより、当初に比べればその影響は小さくなってきているように感じられる。一方で、この感染症は、国内外を問わず、現代社会・経済の脆弱性を顕在化させた。開かれた国際市場と価格メカニズムへの信頼を所与の前提とした経済・社会システムの危うさが露呈した3年間であった。

従来、安い資源や労働力を求めて展開された「国際化」、国内外を問わず徹底された「分業化」、需要・供給の両面での「大都市における大量消費・大量生産」などに代表される効率優先の考え方は、戦後我が国における成功の条件とさえ考えられてきた。大企業はもとより、中小・零細企業に至るまで、このような効率優先の厳しい競争社会においてぬれ雑巾を絞るような苛烈な企業活動を強いられてきた。ところが、新型コロナの国際的な流行に伴い、世界のどこかで講じられた「人」・「物」・

「金」の流通のロックダウンは、これまで成功の条件とさえ認識されていた「国際化」も「分業化」も砂上の楼閣にすぎなかったことを明らかにした。いつでも必要量を安定して調達できたはずのマスクや消毒用アルコールがスーパーやコンビニエンスストアの棚から消え、経済産業省が97％超の国内自給率を喧伝《けんでん》し人心の安定を求めたトイレットペーパーが、何週間にもわたって消費者の手に届かない、そんな危うい消費経済社会の現実が国民の前に突き付けられることとなった。

そんな中で、幸いにも、食料品が手に入らないという致命的な事態には至らなかったが、カロリーベースの食料自給率が40％前後で長期停滞を続けている我が国では、食料不足はいつ起きてもおかしくはないことである。今般のコロナ禍においては、備蓄の存在や農林漁業者・食品産業界の努力により、食料供給システムには大きな混乱は生じなかったが、これを奇貨として、命をつなぐ食料安全保障を真剣に考える契機とするべきであろう。

二　経済安全保障と食料

新型コロナが我が国経済に甚大な影響を与えている中で、政府は素早い反応を見せた。昨年〔2021年〕秋には経済安全保障法制に関する有識者会議を立ち上げ、本年〔2022年〕2月25日には経済安全保障推進法案を閣議決定した。この間、ロシアによるウクライナ侵攻という予期せぬ事態が出来《しゅったい》したことを背景に、本法案は本年の通常国会の最重要法案となり、会期末まで1カ月も残した5月には、可決成立を見ることとなった。

新型コロナウイルスやロシアのウクライナ侵攻など想定外の事態を前に、安全保障は「目に見える危機」として国政の最重要テーマとなった。弱肉強食の国際社会の中で自国の領土と国民の生命・財産をいかに守るかは国家最大の任務であり、本法律の実効が上がることが何よりも期待される。本法では、「国民の生存に必要不可欠な物資」として政令により特定重要物資が指定されることとなり、当該指定物資の生産・流通業者などに対して安全保障上の所要の措置を求めることができることとされている。巷間《こうかん》言われているところでは、半導体や医薬品原体などが政令指定されるようであるが、食料品がどのような扱いになるかは明らかではない。法律を字義通り解釈すれば、食料が「国民の生存に必要不可欠な物資」であることは明らかなのだが、どうやら食料は指定対象外となるのではないかと言われている。本法に基づく特定重要物資としての指定が仮に見送られることとなれば、由々しき問題であろう。

ここ10年の自公政権運営を振り返ると、国政における意思決定が、「司司《つかさつかさ》」の各省庁官僚という専門家集団による積み上げ型のプロセスから、政治主導、なかんずく、官邸主導に移行してきたことは自明である。もとより国民の審判による多数を形成した与党の代表が内閣総理大臣に指名されるこの国では、内閣総理大臣主導・官邸主導が国民の信任に依存していることは否定できない。しかし、その官邸主導の実態が、いわゆる官邸官僚とも称されるような経済産業省など特定省庁出身者による政策判断を前提とするものだとすれば、従来の各省専門家集団による積み上げ型合議制による意思決定に比べて、極めて偏ったものとなる恐れがある。それが顕在化したのが、一時もてはやされた「奇妙な農政改革」路線であったのだが、本稿の趣旨及び本誌の紙幅の制約から、本件については、この程度にとどめることとする。

いずれにしても、官邸主導、経済産業省主導の意思決定プロセスの下で、経済安全保障推進法上の特定重要物資に食料が指定されず、食料安全保障が経済安全保障法制の埒外《らちがい》におかれかねないことが大問題であることを重ねて指摘しておく。

一方、与党農林関係議員の間ではいち早く、食料安全保障についての検討が開始されたのは僥倖《ぎょうこう》だ。自民党では、経済安全保障推進法案の閣議決定と時を同じくして、2月に「食料安全保障に関する検討委員会」が設置された。精力的な議論・検討が重ねられ、5月には中間的な論点整理が行われた。政府においても、これらの農林関係議員の動きに呼応してか、農水省内に食料安保に関する検討チームが設置され、6月には「農林水産業・地域の活力創造プラン」の改定により、既存の本部を改組する形ではあるが、内閣総理大臣を本部長とする食料安定供給・農林水産業基盤強化本部が立ち上がることとなった。

本年秋から、食料・農業・農村基本法の改正も含めた食料安全保障の議論が開始される見込みだが、巷間言われる半導体も医薬品原体も大事だろうが、国民の生存に欠かせない日々の食料の安定供給確保に向けた真剣な議論と財源も含めた実行可能な制度の確立が求められている。

三　食料安全保障と農政

①２０００（平成12）年基本計画

１９９９（平成11）年の食料・農業・農村基本法制定以来これまで5度にわたり基本計画が策定されてきている。２０００（平成12）年の初めての基本計画策定時には法定計画事項とされた食料自給率をどのように設定するのかが注目された。「自給率目標は１００％とすべきだ」、「50％を下回るような数値は目標たり得ない」などさまざまな議論があったが、結果的には、当時40％だったカロリーベース自給率について、計画期間の10年以内での実現可能性にも配慮して、45％とされた。

②２００５（平成17）年基本計画

２００５（平成17）年の基本計画は、担い手の明確化と施策の集中化・重点化、これに伴う従来の品目毎の価格政策から品目横断的な経営安定対策の導入など大胆な方向性が提示された。最初の基本計画から5年、政策努力が積み上げられてきてはいたが、自給率に目だった向上の兆しは現れなかった。この間、2国間ＦＴＡ／ＥＰＡが進展するなど国際環境は厳しいものとなっていた。現状のままの護送船団方式による政策を継続することへの農政当局の危機意識から、このような方向性が示されたと考えられる。担い手経営安定新法の制定などの準備作業を経て、２００７（平成19）年4月から、新法が施行されたのだが、新政策の対象者についての規模要件（いわゆる「都府県4ヘクタール問題」）や法人化要件（5年以内の法人化義務など）などが、「農家選別政策」、「弱者切り捨て政策」と批判された。法施行直後の２００７（平成19）年参議院選挙で与党は大敗し参議院で与野党逆転することとなり、その後の政権運営に困難が生じることとなった。結果的に、2年後の２００９（平成21）

年衆議院選挙で与野党が逆転し、政権交代に至ることとなった。

③２０１０（平成22）年基本計画

３度目の基本計画は、当該政権交代により成立した民主党政権により、２０１０（平成22）年に策定された。政権交代の原動力の一つであった農業者戸別所得補償制度が、基本計画の中心施策として位置づけられるとともに、意欲的な自給率目標（50％）が設定された。しかしながら、当初１兆数千億円とも目された農業者戸別所得補償制度に必要な財源手当も行われず、農水省予算内での農業・農村整備予算の大幅な圧縮という事態を招き、また、規模の大小や担い手か否かなどの構造政策上の配慮もない形での一律１万５０００円（10アールあたり）のバラマキの結果、米価の大幅下落と農地の貸しはがしといった事態が懸念されることとなった。３年３カ月の民主党政権下においても自給率は向上せず、戸別所得補償制度の法制化も実現しなかった。

④２０１５（平成27）年基本計画

２０１５（平成27）年３月に閣議決定された基本計画については、筆者が事務方責任者として策定作業に携わった。前述の通り、２００５年の基本計画は規模拡大、構造政策重視、生産性向上といったいわゆる産業政策中心の極めて意欲的なものだったが、実施過程で大きな揺り戻しに会い、計画は実現できなかった。２０１０年の基本計画は、逆に、構造政策上の要請を無視する形で、「そこにある現存するすべての米農家を支えることが地域や農業を守ることにつながる」という理念の下で、地域政策を重視するばらまき型の戸別所得補償を導入したが、財源的裏付けの無いまま頓挫した。２度の基本計画の反省に立ち、２０１５年基本計画は、前2回のような理念先行の偏った施策体系ではなく、産業政策と地域政策を車の両輪としバランスのとれた農政を目指したものだった。食料自給率目標についても、法制定当時の考えに立ち返り、計画期間内での実現可能性を追及した上で最大限の生産数量目標を狙って、カロリーベース45％目標に落ち着くこととなった。

残念ながら、その後の農政は、官邸主導により、市場原理を中心とする新自由主義的な「奇妙な農政改革」路線が推し進められることとなった。農地中間管理機構による地域集落の話合いを無視した強権的な構造政策の推進、准組合員規制や員外利用制限の強化を人質に強引に行われた農協改革、協同組合原則を基盤とする需給調整を本旨とする指定団体制度の廃止を狙った生乳改革など、農業生産現場の実態を無視した改革という名の制度変更が続いた。

⑤2020（令和2）年基本計画

このままの農政が継続すればいずれこの国に農協や指定団体はもとより、農業・農村までもがなくなってしまうのではないか、といった懸念もあったが、政権内の力関係の変化や農政当局における人事異動などもあり、２０２０（令和２）年の基本計画は、正常化への発射台となるものとなった。行き過ぎた市場原理中心、効率優先の考え方から、産業政策と地域政策の車の両輪論が再び注目されることとなり、中小・家族経営にも再度政策の光が当てられることとなった。今日の半農半Xなどにつながるものだ。

（2）基本計画以外の政策文書

上述の通り、食料・農業・農村基本法制定以降5度の基本計画が策定されているが、この間、基本計画以外にも重要な政策文書が策定されてきている。

その端緒となったのは、2013（平成25）年12月に策定された「農林水産業・地域の活力創造プラン」である。2012（平成24）年の民主党から自公政権への政権交代後、本来であれば農政の基本原則を定める基本計画は速やかに改定されてしかるべきであったのだが、この基本計画の改定は2015（平成27）年の5年ごとの定時改正を待つこととなった。一方で、政権交代とともに、民主党農政の中心施策であった農業者戸別所得補償制度を廃止しこれに代わる新政権の目玉政策を打ち出す必要があった。このため、政府は基本計画の体系とは別に内閣総理大臣を本部長とする「農林水産業・地域の活力創造本部」決定という形式で、「農林水産業・地域の活力創造プラン」を策定した。本プランには、農地中間管理機構による農地の集積・集約化、米政策改革、経営安定対策、日本型直接支払制度の法制化からなるいわゆる「四つの改革」が盛り込まれることとなった。事実上の2010（平成22）年基本計画の廃止・決別であり、政府は、翌2014（平成26）年初頭から次期基本計画（平成27年基本計画）策定のための検討プロセスを開始した。

2021（令和3）年5月に策定された「みどりの食料システム戦略」も基本計画体系外に位置するという意味では同様のものである。その前年に内閣総理大臣が突如2050年カーボンニュートラル宣言を打ち出したことに伴い、各省庁が競って自らの対象業種についての脱炭素政策を打ち出す必要があったという特殊事情はあったものの、本来であれば、基本計画の改定ないし追加という形で、政策体系が整備されるべきであったろう。

本年秋以降本格化すると想定される食料安全保障政策についても、どのような時間軸と政策体系の下で検討・整理が行われるかは定かではないが、上述したような形式ではなく、食料・農業・農村政策審議会など正規軍の審議を経た上で、基本計画の改定ないし基本法を始めとする諸法制の改正・制定が行われることを期待したい。

（3）国境措置と農政

①GATTにおける国境措置

かつて、農産物については、海外の安価な農産物が無秩序に国内に流入することのないよう、さまざまな国境措置が講じられてきた。特に、米麦、食肉、乳製品などの主要農産物については、輸入許可制（IQ）が措置され、併せて、国家貿易や関税割当制度の併用などにより、国内農産物の不足分が輸入され、適時適切に公平な形で消費者の手に渡るように、制度運用が行われていた。

1964（昭和39）年のIMF8条国・GATT11条国移行に伴い、我が国も国際化の波にさらされることとなった。それまでほとんどの農産物について何らかの輸入制限的措置が講じられていたものが、その後ケネディラウンドや東京ラウンドなどによって、徐々にではあるがIQ制度が撤廃され関税の引き下げも行われてきた。GATTの最後のラウンドであるウルグアイラウンド交渉によって、米を除くすべての農産物についての包括的関税化が実現した。米についても遅れること4年、結果的に関税化されることで、すべての農産物で関税水準の高低はあるものの関税化は実現した。とは言いつつも、ウルグアイラウンド交渉における国境措置については、ＩＱ制度は廃止されたものの、内外価格差をベースとした関税相当量の設定が可能であったことから、米麦や乳製品など重要品目については高い２次税率が設定されたため、関税を支払って現実に輸入を行おうという経済合理性は働かず、事実上の禁止的関税として機能していた。結果として、ウルグアイラウンド合意後においても、重要品目についてはドラスティックな輸入の増大という事態は生じなかった。

②　ＷＴＯからＥＰＡ／ＦＴＡへ

１９９５年から２０００年までのウルグアイラウンド合意の実施期間終了後は、ＷＴＯ交渉が継続し、次なる関税削減ステージが合意されると予想されていたのだが、その合意が得られることはなかった。したがって、２０００年以降における農産物関税水準は２０００年水準のまま推移する（スタンドスティル）こととなった。その後もＷＴＯにおける貿易交渉は継続されたが、輸出国と輸入国、先進国と途上国など対立構造が先鋭化する中で、ＷＴＯでの貿易交渉に対する求心力が低下していった。

このため、世界は、２国間でのＥＰＡ／ＦＴＡへと軸足を移していったのだが、従来マルチラテラルなＷＴＯにおける合意を基本としていた我が国も、２００２年のシンガポールとのＥＰＡを皮切りに13カ国・地域とのＥＰＡ協定を締結するに至っていた。これらのＥＰＡ協定においても、農産物のセンシティブ品目については、農業の多面的機能や食料安全保障論などの工夫をしながら、「除外」

または「再協議」という形で、実害が生じないよう措置されてきた。

③TPP協定と国境措置

このように、GATT／WTO体制下において、また、その後の2国間EPA協定においても、何とか実質的な国境措置が維持されてきた重要品目だったが、2015（平成27）年に大筋合意に至ったTPP協定は、我が国農産物の国境措置に質的な変化をもたらした。3年3カ月の民主党政権下では、自由貿易を主張する勢力と国内農業を守るべきとの立場の勢力が国論を二分する形で論争を続け、TPP交渉への参加問題については結論が出なかった。2012（平成24）年12月の衆議院選挙において、当時野党だった自民党は、農業団体のTPP反対姿勢に配慮し、「『聖域なき関税撤廃』を前提とする限り、TPP交渉参加に反対します。」と力強く約束した。だが、政権交代後わずか2カ月後にはワシントンで行われた日米首脳会談で、「日米両国には2国間貿易上のセンシティビティがあること、TPP交渉参加に先立って一方的にすべての関税を撤廃することをあらかじめ約束することは求められないこと、よって、TPPは『聖域なき関税撤廃』が前提ではないことが明確になった」との論理で、我が国のTPP交渉参加が決定することとなった。

TPP交渉においては、EPA／FTA同様に重要品目について「除外」・「再協議」といった手法により厳格な国境措置を維持することを求める国会決議が行われるなど、我が国内では強い関心が寄せられたが、結果的に、2015（平成27）年10月に実現したTPP大筋合意においては、例外措置を求めていた重要品目についても、辛うじて関税引下げを免れた米を除けば、最長21年という経過的期間や新たなセーフガードの導入などの措置を講じつつも、関税の大幅削減や無税枠の設定といった交渉結果を受け入れざるを得なかった。

（4）国境措置の劣化と政策転換の必要性

現在の農政は、こうして実現したＴＰＰ体制下の農政である。１９６１（昭和36）年の旧農業基本法や１９９９（平成11）年の食料・農業・農村基本法制定時に比べて、国境措置が圧倒的に劣化してきている中で、今後の食料自給率をはじめ、食料安全保障を考えなければならない。国境措置で輸入農産物の流入を抑制しながら、国内における需給調整を行い農産物価格を維持し再生産の確保を図るという、従来型の政策基盤の大前提が大きく崩れたと言わざるを得ないだろう。

既に発効しているＴＰＰ協定に基づき、今後関税率が漸進的に引き下げられていき、最終的には、米を除く他の重要品目においても国境措置は大きく劣化することとなる。例えば、輸入チーズ関税逓減の結果現在行われているプロセスチーズ原料用の輸入ナチュラルチーズと国産ナチュラルチーズの抱き合わせ措置による国産チーズ消費の下支え効果は、早晩効かなくなることは明らかだ。そのような国境措置を前提に、４倍ともいわれる内外価格差が存在する国産生乳を利用して、国内でプロセスチーズ原料用ナチュラルチーズを製造しようという乳業メーカーは存在するだろうか。

また、ＴＰＰで関税引下げが回避された米についても、現行政策体系下で高い２次税率と国家貿易により、外国産米の国内主食用米需給への影響は遮断されているものの、毎年70万トン輸入されるミニマムアクセス米については、その大半がエサ処理されている。金利倉敷に加えてこのエサ処理経費も含めて、膨大な財政資金が投入され続けている。さらに深刻なのは、国内米市場の縮小である。1人当たり年間米消費量は1962（昭和37）年の118キログラムをピークに直近では52キログラムまで、半減以下の水準に落ち込んでいる。このまま、国内市場での需給調整を継続すれば、莫大《ばくだい》な財政資金を使いながら、我が国水田の過半に適地適作とは言い難《がた》い他作物を植え続けるという政策を続けざるを得ないこととなる。

（5）直接支払いへの転換の必要性

結局、国内市場における需給バランスをとることで価格維持を図ろうという従来型の政策体系を維持する限り、適地適作や経営判断に基づく作物選択といった望ましい農業構造や営農形態からはかけ離れた状態が続くこととなる。そこには、多くの農業者の閉塞《へいそく》感と莫大な財政資金の投入という副作用も併存する。

現下の輸入原材料・燃料の価格高騰やロシアのウクライナ侵攻で顕在化した我が国の地政学的リスク等を踏まえれば、従来型の「閉じられた国内市場」での需給調整による価格維持ではなく、平時から国内に賦存する資源（水田、畑、牧草地、搾乳牛、繁殖牛・豚など）を十全に活用して国内生産基盤を肥培管理・維持培養し有事に備える食料安全保障型農政に政策転換を図るべきだ。

この場合、従来の需給調整政策から生産基盤の確保・増産に舵を切ることとなれば、国内需要を上回る生産能力が存在することとなる以上、国内の農産物価格の低下は避けられない。したがって、その価格低下の下でも、農業再生産を可能とするような直接支払制度により農業者を支える仕組みが導入されるべきである。すでにＥＵにおいては、１９９２年の共通農業政策（ＣＡＰ）改革において、従来型の価格支持政策から直接支払い政策への大胆な転換が行われており、この間、クロスコンプライアンスの細分化・精緻化など直接支払制度の制度改善も進められてきている。

我が国でも２０１０（平成22）年から数年間、米戸別所得補償モデル事業という直接支払いが導入されたが、飯米農家を除くすべての稲作農家に一律10アールあたり1万５０００円をばらまき、農家負担なしで米価低落分を全額国費で負担するという極めて問題のある仕組みであった。

食料安全保障の実現が求められる今こそ、この負の遺産を反面教師とし、ＥＵなどの制度も参考に、有効で持続可能な直接支払制度を構築することが必要である。対象作物や対象者の範囲、直接支払いの水準、そして財源など、検討すべき課題は山積するが、食料安全保障への貢献度に応じた対象作物の選定、人・農地プラン上の位置づけの有無や年齢階層による支援水準の傾斜設定、新規就農者や法人経営への配慮などきめ細かい制度設計を行うことにより、農業者の所得確保という一義的な目的に加えて、構造政策や経営政策など他の政策目標の同時達成も可能となるような直接支払制度を構築することは可能であろう。

(6) 今こそ直接支払制度を

この政策転換には、副次的効果も存在する。農産物価格低下による消費者家計への好影響・実質可処分所得の向上はもちろんであるが、安価となった国産農産物には輸出競争力が生じることとなる。国内食品産業界にとっても、高騰傾向にある輸入原料農産物から相対的に安価となる国産への代替促進が期待できる。直接支払制度の導入による国内生産基盤の拡大、輸出の増大、輸入原料農産物の国産への代替などは、すべてが食料自給率の向上につながっていくものだ。

最も困難なことは、財源の確保だ。政策変更に伴いどれだけの追加財政需要が必要かを十分精査した上で、国家財政の中での優先順位付けが行われる必要があろう。無駄を省けば16兆円の財政資金の削減が可能と絵空事を説いて、結果的に農業・農村整備事業という公共事業予算を70％近く削減して財源にあてた農業者戸別所得補償制度のようなことを繰り返してはならない。ロシアによるウクライナ侵攻という想定外の危機が現実となる中で、ロシア、中国、北朝鮮という自由と民主主義という普遍的価値を共有しない隣国の傍らで生存しなければならない我が国の地政学的リスクを再認識すれば、命をつなぐ毎日の食料をいかに確保するかという食料安全保障に勝る優先課題はないはずである。今こそ、国内に賦存する資源を最大限活用して有事に備えられるような国内生産基盤の維持培養政策が求められている。

四　営農型太陽光発電について

(1) カーボンニュートラルと農業

食料安全保障の確保のためには、平時から国内における農業生産の継続が不可欠だが、その農業が行われる基盤となる農地の確保に関連して、最近農水省で再検討が行われている「営農型太陽光発電」について、触れたい。

昨年〔2021年〕策定された「みどりの食料システム戦略」の中では、2050年における食料・農林水産業分野でのカーボンニュートラル目標が設定されている。今後、農林水産業分野での脱炭素の取り組みが求められることとなるが、一歩進んで、農業・農村からも再生可能エネルギーを創出することで脱炭素の流れに貢献しようという取り組みが、農地の上に太陽光パネルを設置し、再生可能エネルギーを生み出そうという営農型太陽光発電の取り組みである。農村における資源を活用した再生可能エネルギー発電自体は、耕作放棄地や農協・土地改良区建物屋上への太陽光パネルの設置など取り組まれているが、営農型太陽光発電は、太陽光パネルを設置し発電を行いながら下部農地での営農継続により、カーボンニュートラルと食料生産を同時達成するという、極めて意欲的、効果的な取り組みである。

エネルギー資源の天然賦存量が少ない我が国においては、再生可能エネルギーへの期待は大きい。特に、東日本大震災以降事実上原子力発電の安定稼働が困難となっている中で、再生可能エネルギーの本格的運用は急務であり、中でも太陽光発電は固定価格買取制度の導入とともに全国的に設置が加速され、今や全発電量に占める割合も8％を超える水準に達している。

(2) 農地における太陽光発電

都市部においては、商業施設や工場、マンションなどはもとより、戸建て住宅の屋根へのパネルの設置が進んでいる。東京都においては、都条例の制定により一定規模以上の集合住宅及び戸建て住宅の屋根に太陽光パネルの設置が義務付けられることとなり、この流れは今後加速するだろう。

地方においては、広大な遊休地を活用したメガソーラー太陽光発電の計画も散見される。農業利用を前提として大規模な基盤整備事業を経た集団的農地は、広大かつ平坦であり農的利用を前提としているため借地コスト（小作料）も圧倒的に安い。したがって、当該農地を転用して太陽光発電を行うビジネスモデルは、容易に考えつくのだが、そこには、いくつもハードルがあるのは農業関係者ならば誰でも知っていることだ。農地を転用して太陽光パネルを設置するには、農地法に基づく転用許可が必要だが、従来の手法で転用許可申請を行っても、太陽光発電業者が期待するような場所で許可が下りることはない。農地の農的利用を確保し、我が国農業生産の維持継続、よってもって食料安全保障に資するための農地法制である以上、太陽光発電業者が目論むようなビジネスが、優良農地において展開されるようなことがあってはならず、そのための農地法制なのだから、極めて当然だ。しかしながら、先述した「奇妙な農政改革」の流れの中で、この農地法制にも穴が開けられようとした危険な時期があった。

そこで考え出されたのが、太陽光パネルの下で引き続き営農を継続することを条件に、パネルの設置に必要な最小限度の支柱部分の農地だけを3年間の一時転用という仕組みで転用することにより、事実上農地の上に太陽光パネルを設置しようというものだった。2013（平成25）年に3年以内の一時転用という形で始まった当初は、かなりの際物《きわもの》扱いされていたのだが、その後施設の設置が進むにつれて、3年間では金融機関の貸付審査が通らないなど現場からの要請も行われるようになった。このため、2018（平成30）年には、担い手が下部営農を行う場合や荒廃農地を活用する場合などは、10年以内の一時転用を認める仕組みに大幅な規制緩和が行われた。これにより、当初3年間で、773件だった許可件数がその後2600件余へと増加した。結果として、「太陽光発電により脱炭素社会実現にも貢献し、パネルの下では引き続き営農が継続することで、農業所得と売電収入が確保される」となれば良かったのだが、現実はそうそうまい話ばかりではない。

(3) 一時転用による営農型太陽光発電

そもそも、3年間の一時転用を10年間に延ばすということ自体かなり無理のある考えである。本来一時転用という考え方自体が、例えば当該農地の近傍に道路を建設するための工事現場があり、そこに出入りする工事用車両のために駐車場が必要となったような場合に、工事終了までの一定期間駐車場として農地を活用しようというたぐいのものである。したがって、工事終了後には駐車場用途の需要がなくなり当該農地が確実に返還され、かつ農地の上には工作物等がないか存在しても容易に撤去されることなど、一時転用期間終了後の農地としての原状回復が容易なものが想定されていた。その一時転用期間を10年まで延長しようというのだから、どのような場合に対象とするべきか、その場合の農地への原状回復・返還の確実性について、十分な検討が行われた上で、措置されるべきだったたろう。

こう記述しつつ、筆者は良心の呵責《かしゃく》にさいなまれている。2018(平成30)年の営農型太陽光発電の運用改善当時、筆者は農水省農村振興局長であり、本件運用改善通達を発出した責任者であったからだ。今さら言い訳をするつもりはないが、先述した通りあの当時の農政は、2013(平成25)年から続く官邸主導の「奇妙な農政改革」路線の真最中であり、農地中間管理機構の創設、農協改革、生乳改革、主要農作物種子法の廃止、卸売市場法の改正、など打ち続く市場原理中心の政策運営の再末期であった。「反対する者は容赦しない」といった風潮が霞が関中にまん延する中で、上意下達の方針に異を唱えることは難しく、10年間の一時転用が導入された。

(4) 望ましい営農型太陽光発電の実現へ

今般、農水省は、本件に関し有識者会議を設置し改善方策を模索しようとしている。筆者は有識者会議で座長を務めているが、少なくとも、制度開始以来の課題や論点を関係者が改めて認識・共有した上で、下部営農における対象作物の在り方、営農者と農地所有者、発電事業者との関係などを整理し、現在通達により行われている一時転用許可基準の制度化も含めて、今後の望ましい方向を検討することが必要だろう。

カーボンニュートラルも、食料安全保障のための優良農地の確保や営農の継続も、ともに国民的な課題である以上、かつてのような拙速で一方的な規制緩和ではなく、我が国経済と農業・農村にとってウインウインとなるような、発電と営農の両立可能な制度が求められている。

（『農政調査時報』第588号、2022年）

第九章　適正な価格形成をめぐる課題と展開方向について

２０２４年5月、食料・農業・農村基本法の一部改正法が国会で可決成立した。一昨年からの政府・与党における長い検証・法案審議プロセスを経て、25年ぶりに結実した今般の改正法には、食料・農業・農村という3つの政策分野で重要な改定内容が含まれている。本稿においては、特に、関係者の期待が大きい反面、その立ち位置によって認識が全く異なっている「適正な価格形成」に関する論点を取り上げることとしたい。

一　議論の端緒

今般の基本法改正において大きな議論となった「適正な価格形成」については、２０２２（令和4）年11月の農水省食料・農業・農村政策審議会基本法検証部会の第2回会合で、農水省側から提示された資料の中の「フランスのエガリム法」に関する記述から始まった。資料の中で農水省は、「国内市場の縮小の悪影響をミニマムにするには、農業・食品産業の将来の収益性の予見性を向上させることが重要。——飲食料品の最終消費額に対する国内農業・国内食品産業の割合が縮小しているが、これはデフレ経済下において、適切な価格形成が行われていないからではないか。――今後、食品生産に係るコスト（特に輸入原料・資材）が上昇すると見込まれている中で、適切な価格形成は重要。――フランスでは、Egalim・Egalim2法で適切な価格形成の対策を強化。」と記述している。

令和に入ってから続いていた輸入原材料やエネルギー価格の高騰にあえぐ農業生産現場では、フランスのエガリム法を紹介する形ではあるものの、適正な価格形成について行政が資料を提示したことで、一気に期待が高まったのは事実だろう。現に当該部会で全中会長（当時）の中家委員は、「再生産に配慮した適切な価格形成の実現は、今回の基本法見直しの最重点事項」との発言を行っている。

一方で、本資料の当該部分では、「適切な価格形成」との表現はあるものの、いわゆる「再生産可能価格」とは一線を画しており、その価格形成の場面も農業生産に限らず食品産業までが念頭におかれているのだが、これらに関する役所側の説明不足と関係者の理解の隔たりが、今日に至るまでの本件をめぐる混迷の一因になっているといえよう。

二　価格形成に関する施策の歴史とこれまでの取り組み

食料・農業政策において、農産物や加工食品の価格形成は、時代背景を反映しつつ、時々の施策のテーマとなってきている。

（1）農業基本法における位置づけ

1961（昭和36）年に制定された農業基本法（「旧基本法」と略称する）は全6章から構成されているが、既にこの時点で、価格形成というテーマが、「第2章　農業生産」及び「第4章　農業構造の改善等」と並ぶ重要な課題として認識され、「第3章　農産物等の価格及び流通」という名称で一つの章としての地位を占めていた。

需要の増加する農産物の生産を拡大し、需要が減少し又は輸入品と競合する農産物の生産を縮小・転換していくという「選択的拡大」は、旧基本法の生産政策の一丁目一番地であった。同時に、規模拡大、農地保有の合理化、自立経営の育成などの旧基本法がうたう「農業構造の改善」は、現在まで続く農政上の重要課題である。旧基本法では、これらの生産政策と構造政策を併せ進めることにより、農業と他産業との生産性・所得・生活水準の均衡を実現しようと考えたわけだが、そこに欠かせなかったのが、農産物の価格形成であった。生産性の向上も所得・生活水準の向上も、農産物の販売というプロセスを通じて初めて実現されるものである以上、価格形成が生産政策や構造政策と並んで重要であることは、けだし当然のことである。

このため、旧基本法では、「流通の合理化」と「価格の安定及び農業所得の確保」が国の施策として位置付けられ、「農業の生産条件、交易条件等に関する不利を補正する施策の重要な一環として、生産事情、需給事情、物価その他の経済事情を考慮して、その価格の安定を図るため必要な施策を講ずる」とされていた。いわゆる農産物価格政策の根拠となる条項である。

この条項を基礎として、政府は、さまざまな価格政策を講じていくこととなるが、大別すれば、国が直接取引当事者として価格形成に参加する形態（主要食糧である米麦の政府買入制度）と、民間流通を基本としそこで実現される価格に対して行政が一定の関与を行う形態（大豆なたね交付金制度、加工原料乳生産者補給金制度など）がある。昭和40年代以降これらの価格政策の充実により、農家所得は着実に向上していくが、その反面、財政負担の増嵩《ぞうすう》や農産物価格の上昇による国産農産物の需要の減退などの問題も顕在化していくこととなる。

一方、「農産物等の価格及び流通」という第3章の章名からも明らかな通り、旧基本法では加工食品を始めとする食料品の価格形成については、射程の範囲外だったと考えられる（ここでいう「農産物等」の「等」は「生産資材」を意味している）。当時の家計における食料消費に占める加工食品の割合が微々たるものであったことからすれば、農産物以外の食料品の価格形成が政策課題として認識されることはなかったものと思われる。旧基本法の法律名や前文の内容からもこのことは明らかであろう。

(2) 食料・農業・農村基本法制定に至る経緯

旧基本法制定から40年弱を経過し、１９９９（平成11）年、現行の食料・農業・農村基本法が制定された。この間の社会経済情勢の変化を踏まえて、農業だけではなく、その展開する基盤としての農村と農業・農村が生み出す食料という切り口を加えて、国民への食料の安定供給と農業・農村の持つ多面的機能の発揮などを目指す、食料・農業・農村基本法が制定されることとなった。

適正な価格形成という面から、この間の経緯を簡単に振り返ってみたい。農産物の価格形成に関しては、先述の通り、旧基本法では「農産物等の価格および流通」に関する条項を根拠に、各種農産物価格政策が講じられることとなった。米については、旧基本法制定以前から食糧管理法の下で農業者の再生産可能コストを賄える価格での全量政府買入の仕組み（生産費所得補償方式）が実現していた。その後、政府買入価格と政府売渡価格の間の売買逆ザヤや米の保管流通等に係る管理経費まで含めたコスト逆ザヤの存在により財政負担が増嵩していく中ではあったが、1995（平成7）年の食糧法の制定・食糧管理法の廃止に至るまで、曲がりなりにもこの政府買入による生産コストの補償という考え方は継続することとなった。

麦についても、米とは異なる算定方式ではあったが政府の無制限買入制度が存在した。その後、国産麦の生産が激減していく中で制度的意義は薄れ、民間流通の推進と新たな経営安定対策への移行により、2006（平成18）年には国産麦の価格形成についての政府による関与は廃止された。ただし、需要の大宗を占める外国産麦については、政府の国家貿易による売買が一貫して行われ、その価格形成には需給動向のほか国際約束によるマークアップの存在や家計消費に与える影響への配慮などの要因が複雑に絡み合っており、麦を原材料とする川下の加工食品の価格形成には現在もなお大きな影響を及ぼしている。

生乳については、1966（昭和41）年の加工原料乳生産者補給金等暫定措置法に基づき、北海道等の加工原料乳生産者への補給金の交付による都府県酪農との棲み分け、国家貿易による安価な輸入乳製品の無秩序な流入の防止など、国内酪農振興のための道具立てが整備された。この制度により、我が国酪農は、旧基本法制定以前200万トンにも満たなかった生乳生産量が4倍にも拡大するなど飛躍的な発展を遂げ、旧基本法の「選択的拡大」の優等生とも称された。一方で、先述の麦と同様、生乳を原材料とする川下の乳製品製造・加工業には大きな影響を及ぼすこととなった。

米麦であれ生乳であれ、一次農畜産物の価格は農産物価格政策により人為的（政策的）に操作される中で、これらを原材料とする加工食品（米菓、小麦粉、パン、麺、チーズ、ヨーグルトなど）については、市場メカニズムの下で価格形成が行われている。総じて、これらの加工食品に係る輸入関税は累次の貿易交渉（ケネディラウンド、東京ラウンド、ウルグアイラウンドなど）を経て、引き下げないし撤廃が行われた結果、国内加工食品市場では、相対的に高価な原材料農産物から製造される国産加工食品が安価な輸入加工食品との間で、厳しい競争を強いられることとなっていった。

（3）食料・農業・農村基本法における価格形成の位置づけ

①市場メカニズムへの信頼

上述の通り、旧基本法のもとで、農業生産性の向上と選択的拡大、農業の構造改善を通じて、農業の不利性の補正、他産業との生産性・所得・生活水準の均衡といった目的を達成するべく講じられてきた各種の農産物価格政策は、結果として、財政負担の増嵩はもとより、需要に応じた生産への障害ともなりかねず、また、相対的に高価となった国産農産物への需要の減退や川下の食品製造業における輸入原料農産物の利用拡大など、負の側面が顕在化してきた。

このため、１９９９（平成11）年制定の食料・農業・農村基本法では、農産物の価格形成について、「消費者の需要に即した農業生産を推進するため、農産物の価格が需給事情及び品質評価を適切に反映して形成されるよう必要な施策を講ずる」こととされた。この条項については、法制定当時大きな議論を呼ぶこととなった。読んで字のごとくではあるが、この条項は、農産物価格については、市場メカニズムに委ねることをうたっており、さらに、それが実現するよう政策も講じていくとされている。農業関係者の多くは、「国はもう農産物価格政策をやめてしまうのか」「米麦の政府買入をやめるのか」「加工原料乳補給金制度その他の畜産物価格政策の廃止の布石ではないか」といった憶測も呼ぶこととなった。

②価格政策と所得政策

これらの不安は、長年、農産物価格について国の関与や政策支援に慣れてきた農業者にとっては、至極当然のことだったろう。これらの不安や懸念が昂ずれば、与党への支持も揺らぎかねなかったのだが、そこで登場したのが、時の与党農林幹部が好んでよく使った次の表現である。曰く「価格は市場で（決まるが）、所得は政策で（決める）」だ。この表現を使って、与党農林関係者は、農業者の不安の払拭《ふっしょく》に努めた。基本法制定後、加工原料乳制度の不足払いから変動率方式への移行や麦の民間流通の促進と政府買入の縮小といった制度改革の流れの中で、従来の農産物価格政策は、市場メカニズムに委ねられる方向での制度改正と運用が続いた。だが、現実には、毎年の農産物政策価格決定プロセスで常に政治から「所得は政策で決めるのだから、しっかり配慮しろ」といった有形無形の圧力が政策当局に課せられることとなったのである。

基本法の「価格は市場で（決まる）」という考え方については、経済原則にのっとった望ましい方向ではあったものの、同時に進められなければならなかった「所得は政策で（決める）」という考え方が全うできなかったことで、全体としてこの政策の大きな流れはよどんでしまうこととなった。例えば米については、本来であれば、農業者が適地適作の考え方の下で創意工夫を凝らして生産量や販売先を考える中で、おのずと需給に応じた価格形成が行われるはずだったが、現実には、長年の生産調整（減反）政策で習い性になった生産数量目標が設定され続けた。これにより、需要に応じた価格形成を目指すのか、需給調整政策による価格維持を指向するのかが不分明になった。生乳についても同様であり、生産数量目標が需要の動向と乳製品の在庫状況などから頻繁に変更される中で、酪農家は長期的な投資もままならない、といった事態に直面した。

このように中途半端な需給調整をやめ、価格形成を市場に委ねることとならなかったのはなぜかと言えば、仮に「価格は市場で」を徹底した場合、大幅な価格低下が生ずることとなり、その場合に、農家所得を守るための政策（所得政策）に必要となる財源は莫大なものとなるが、その目処が立っていなかったからと言わざるを得ない。結果として微温的な需給調整政策が継続することとなり、価格形成を市場に委ねるという基本法の方向性は貫徹されないままとなっていった。

③　加工食品の価格形成

基本法におけるもう一つの欠陥は、この価格形成があくまで「農産物の価格形成」であり、川下における加工食品の価格形成については旧基本法と同様射程に入れられていなかったことである。このため、旧基本法下で顕在化していた、国産農産物の食品製造業における原料調達上の不利性については、解決の方向性は見えなかった。むしろ、累次の農産物貿易交渉の結果、輸入農産物や輸入加工食品の国境障壁は緩和・撤廃されてきており、その影響は深刻度合いを増していった。この面でも、「価格は市場で」という方向性が徹底されなかったことの弊害が深刻化していくこととなる。

三　今次基本法改正における適正な価格形成の議論

市場メカニズムに信頼を置く価格形成に舵を切った基本法農政ではあったが、上述の通り、制度に内在する諸課題（生産数量目標の存在、所得政策の不在、財源の不足など）に加えて、令和に入ってからの新型コロナウイルスによる世界的な物流システムの寸断やロシアのウクライナ侵攻に象徴される「法と正義」「自由と契約」を前提とする経済・社会への挑戦、そして国際商品作物やエネルギー価格の異常とも言うべき高騰などの事態の中で、農産物・食料品の価格形成は苦しい立ち位置におかれることとなった。

カロリーベースの食料自給率が38％の我が国にとっては、好むと好まざるとに拘わらず、農産物・食料の過半を輸入に頼っているわけだが、それらの安定調達が先述の環境変化の中で大いに困難を来しかねない状況となっている。今までのように、金を出せば食料が輸入できる保証はなく、ましてや我が国経済の相対的劣化の中で、出せる金すらも少なくなっている。かつてはそんなことは起こらないと高をくくっていた「買い負け」が、今や、畜産物や小麦など多くの分野で顕在化し始めている。

このような事態に直面し、政府も漸く、食料の安定供給・食料安全保障に本腰を入れることとなり、今次基本法の改正に至っている。今次基本法改正における適正な価格形成に関する基本コンセプトはいかなるものだろうか。もちろん、旧基本法のように、政府が直接・間接に価格形成に関与する形で、農家の再生産価格を実現するといういわば「先祖がえり」は許されない。方向性としては、現行基本法にある「農産物の価格が需給事情及び品質評価を適切に反映して形成される」という市場メカニズムに信頼を置きながらも、直近に顕在化しているコストの増嵩をどのように反映させていくのかが焦点となっている。以下、今次法改正に至るまでの経緯を見ていきたい。

（1）畜産・酪農の適正な価格形成に向けた環境整備推進会議の発足

２０２３（令和５）年４月、農水省畜産局は、畜産・酪農の生産者、畜産物の加工・処理業者、乳業者、卸小売業者そして消費者を構成メンバーとする「畜産・酪農の適正な価格形成に向けた環境整備推進会議」を発足させた。適正な価格形成に関する議論は、本来畜種や作物にかかわらず、理念の整理から始まるべきだろうが、一方で生産・流通・消費の実態面での相違も無視できないことから、大臣官房における横断的な検討とは別に、畜種・作物ごとに生産原局が検討を行うこととされたのだろう。議論の詳細は、農水省ＨＰに資料・議事概要とも公表されているので省略するが、３回にわたる推進会議での議論でも、現実的かつ実行可能な対応方向が提示されるには至らなかった。

思うに、牛・豚マルキンなどの手厚い直接支払いが講じられている肉牛・養豚業界にとっては、現下のコスト増加への対応も課題ではあるものの、仮に「適正な価格形成」が実現した場合の消費の減退の懸念もまた大いなるものであることから、畜産局内でも本件に対する温度差があったのだろう。結果的に酪農・乳業という１９６６（昭和41）年の加工原料乳補給金制度創設以来の切っても切れない関係にある両当事者が対峙する形で、表座敷の議論が行われるに留まったように見える。大臣官房と畜産局という役所内部のそれぞれの思惑もあって、酪農・乳業両サイドから現行の乳価交渉プロセスの優位性が強調されるという、皮肉な結果となってしまった。

(2) 適正な価格形成に関する協議会における議論と基本法上の位置づけ

2023(令和5)年8月、農水省新事業・食品産業部は、「適正な価格形成に関する協議会」を発足させた。(1)の通り、世の関心の高かった酪農・乳業に関して有意な対応方向を見いだせなかったものの、本件に対する与党関係者の期待は増していった。このまま放置した場合には、かつての食糧管理制度における政府買入米価のようなコスト積み上げによる再生産可能価格の導入などハンドリング不能な方向に議論が傾いていくことも懸念されたため、作物原局による検討ではなく、広く食品流通を所管する部局において、理念・目的の整理からやり直そうという考え方だったのだろう。

構成メンバーも、取引当事者の直接対峙の形とならないよう、農業生産、食品製造、食品流通、卸小売り、消費者に至る縦系列のすべて関係者を含み、かつ、それぞれの段階で複数の参加者が含まれるような関係者を糾合した大人数の会議となった。この全体会合で総論を行いながら、コンセンサスが得られた分野についてワーキンググループを設置して、具体的な課題を議論し、これを全体会合にフィードバックするという工夫が凝らされた会議運営が行われている。今般の基本法改正までに、親協議会が4回、品目ごとの下部会合で6回に及ぶ議論が行われたが、残念ながら具体的な制度や仕組みが改正法に盛り込まれるには至らなかった。

だからといって、今次基本法改正では「ゼロ回答」だったわけではなく、適正な価格形成に向けた足掛かりとなる重要な条項が盛り込まれることとなった。まず、第2条第5項で「合理的な価格の形成については、需給事情及び品質評価が適切に反映されつつ、（中略）その持続的な供給に要する合理的な費用が考慮される」べきと規定された。この条項は、従来の市場メカニズムに信頼を置くだけではなく、農業及び食品産業の持続可能性に配慮した価格形成が求められることを明らかにしたものだ。さらに、この合理的な価格形成が実現できるように、新設された第23条において「食料の持続的な供給の必要性に対する理解の増進及びこれらの合理的な費用の明確化の促進その他必要な施策を講ずる」ことが規定されている。

さらに、合理的な価格形成の実現の鍵となる消費者の消費行動に関しても、現行の第12条の規定が大幅に拡充された。「食料の持続的な供給に資する物の選択に努めることによって、食料の持続的な供給に寄与」することが消費者の役割として明確に位置付けられている（改正後の第14条）。「安ければよい」「ほしいものが手に入ればよい」、これらは消費者の自然の欲求ではあるが、そのような消費行動によっては農業及び食品産業の持続的な供給は実現しない。食料システム関係者の努力に加えて、政府の力強い政策によりこのような消費者の行動変容を促していくことが、価格形成の鍵であることが示されている。

四　今後の課題と目指すべき方向

適正な価格形成に関しては、取引当事者が対峙議論するだけでは、有意な結論が得られないことは自明だ。取引上どちらかが得をすればどちらかが損をするというゼロサムゲームである以上、両当事者の議論だけで満足な答えは出て来ない。そこで、今次基本法では、理念法として、消費行動までも包含した食料システムとしての「持続的な供給に要する合理的な費用」という概念を持ち出して、合理的な解を求めていくという方向性が打ち出されたのだが、このことは、評価できよう。

その背景には、恒常的なコスト割れ企業は永続できず、やがては廃業に至り、産業全体でそのような事態となれば、この国からその産業は消滅してしまう、という経済原則上極めて当然の事柄を関係者皆に知らしめたいとの思いがあったのだろう。かつて、我が国で隆盛を極めた養蚕業や家電産業、そして直近で再び政策の光が当たっている半導体産業なども、同様の運命をたどってきた。一旦消滅した産業を再興させるには、莫大なエネルギーと巨額の財政資金が必要であることは、今般の熊本県のＴＳＭＣ（台湾積体電炉製造）社や北海道のラピダス社を見れば明らかだ。２０２２（令和４）年、２０２３（令和５）年と２カ年にわたる巨額な補正予算がこれら大企業の大工場に投じられたが、経産省によれば、国際的な財政支援競争の中で今後もこの手法の継続が必要ということのようだ。

衣食住の中でも最も基礎的で命に直結する食料こそ、国内で一定程度の供給能力が保持されるべきであることは言うまでもない。平時に「物の価格は需給で決まるのだ」と経済学の教科書のようなことを言い募ることは、ここ数年の原材料・エネルギー価格の暴騰局面では何の力にもならなかった。改正前の基本法はいわば、そんな教科書の第一定理のようなものだったが、コロナを経て、ロシアの暴力やイスラエルとパレスティナの現実を見て、我々は何を考え何を目指すべきだろうか。

五　食料システム当事者の一層の努力と直接支払いの可能性

今般の改正基本法は、この国に最低限必要な農業・食品産業を存続させるために必要なコストを、サプライサイドだけではなく消費者も含めた食料システム当事者が共通に負担する努力が必要であることを示している。農業生産者は農畜産物の品質と生産性の向上を怠らず、食品製造・加工業者は、同じく生産性向上と資本力を活かしたマーケティングや新商品開発の努力を続け、利の薄い商売である卸・小売業界も「安売りこそ消費者のため」というお題目をやめ、真摯に消費者に向き合い語りかけ、持続可能な合理的価格の実現に理解を求めていく必要がある。消費者も、価格や流行にとらわれるだけではなく、「食料の持続的な供給に資する物の選択に努めることによって、食料の持続的な供給に寄与」するという大局的な見地からの理解と行動変容が求められることは先述した通りだ。

もちろん、政府においては、これら食料システム関係者の努力や消費者の行動変容を強力に後押しする政策展開が求められる。既に、農水省では、予算事業という形ではあるが、いくつかの品目についてそのコスト構造を調査分析し、これを明らかにする取り組みを行っている。

ただ、このような関係者の努力により実現することとなる合理的な価格が消費者の支払い能力を

EU共通農業政策予算の推移

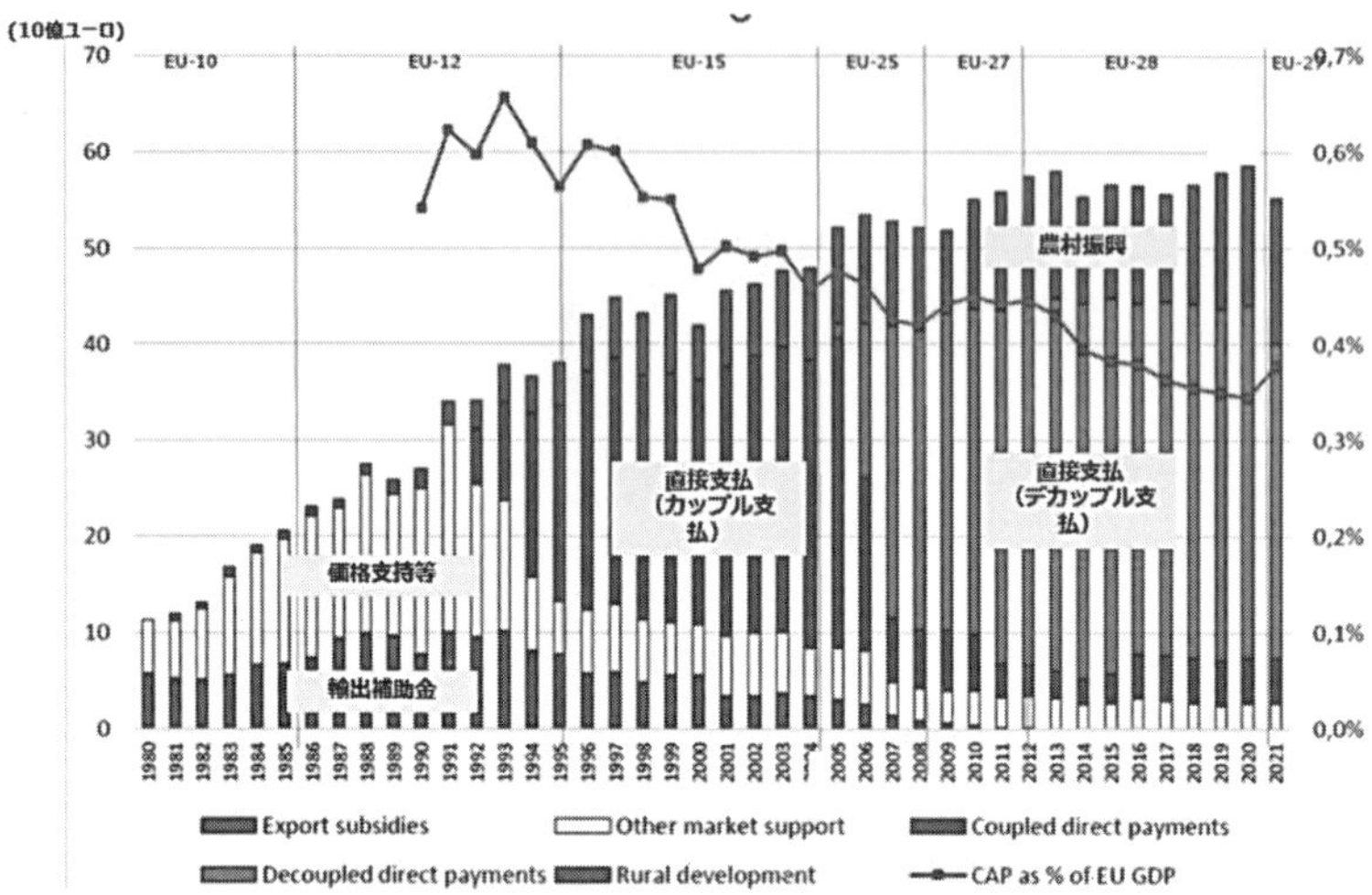

超えてしまうような極端な事態も想定されよう。そのような場合には、その差額を財政で補塡する、いわゆる直接支払い制度も排除されるべきではなかろう。もちろん、直接支払いには政府や識者が指摘する通り、巨額の財政支出と食料システム関係者に自らの努力を放棄させてしまいかねないという一種麻薬のような強烈な副作用をもたらすことも忘れてはならない。

ＥＵでは、１９９２年のＣＡＰ（共通農業政策）改革以降、農家への直接支払制度が農政の柱となっている。十数年前に数年にわたり数千億円が投じられ水泡に帰した農業者戸別所得補償制度の後遺症に悩む我が国とは雲泥の差だ。15千円／10アールをばらまいた上に米価下落分を全額政府が補塡するという馬鹿げた戸別所得補償ではなく、環境政策やアニマルウエルフェアとのクロスコンプライアンスや条件不利性の是正、青年農業者や小規模家族経営への配慮などきめ細かな仕組みを盛り込んだEU型直接支払いは、先進国型直接支払制度として参考にすべき点が多い。

1982年以降、EUがCAP予算額を6倍に拡大させてきたのに対し、我が国農水省予算は3分の2以下に縮小している。このままの財政規模で、上述のEU型直接支払いを導入することは現実的ではないだろうが、このまま事態を放置すれば、改正基本法で規定した「合理的な価格形成」も画に描いた餅になりかねない。財政支出を惜しんで、基本法の目指す市場メカニズムに信頼を置いた価格形成に失敗したかつての過ちを繰り返してはなるまい。

仮に半導体並みの予算規模を毎年確保できるのであれば、食料システム関係者の努力が報われ、消費者の支払い可能水準にもかない、結果として輸出競争力強化にも資するような合理的な価格形成に資する「まっとうな直接支払い」の制度化も不可能ではないだろう。政府・与党は、今後5年間を「農業構造転換集中対策期間」と位置付けるなど、食料安全保障に関する国民の意識・関心も高まっている。今こそ、政治の覚悟と役人の知恵が問われる時だ。

（『農政調査時報』第592号、2024年）

第十章　農林水産省の組織再編について
政策統括官の廃止と農産局・畜産局の設置を中心に

一　はじめに

1　本稿の射程

２０２１年7月1日付で農林水産本省の組織再編が行われた。本省局長級官職の改廃を伴う組織再編は、２０１５（平成27）年の政策統括官の設置以来6年ぶりである。今次組織再編は、局レベルでは、食料産業局、生産局及び政策統括官を廃止し、新たに、輸出・国際局、農産局及び畜産局を設置するものである。

行政組織は、国家行政組織法や各府省設置法に基づき、効率的な行政運営のために系統建てて構築されることが求められる。今回の組織再編がこの制度上の要請にいかに応えようとしたものであるかについて、最近における農林水産本省内局の変遷を振り返りながら、行政及び業界をめぐる情勢変化とその対応のための課題設定、関係者の認識も射程に入れて、論ずることとしたい。

なお、本稿においては、今次組織再編のうち、特に、生産局及び政策統括官を統合し耕種農業全般を所掌する農産局を設置すること並びに畜産・酪農を所掌する畜産局を畜産部から格上げ設置することに関する部分について詳述するものである。併せて、今次組織再編が、畜産分野、耕種分野とりわけ米麦分野も含めた我が国のすべての農業生産分野に及ぶことを踏まえると、今次組織再編のみを考察するだけではその趣旨及び全体像の理解が困難であることから、過去20年に及ぶ畜産行政・米麦行政組織の変遷についても振り返ることとしたい。

2　行政組織を規律するルールと今回の組織再編

かつて本省の局の改廃は、各省庁設置法の改正を伴うことから国会審議の対象となり、手間暇かかるものであった。一方、現在の国家行政組織法体系では、省庁の設置、任務、外局や法律職（設置法に根拠を置く官職）の設置以外は、広く政令以下の下位法令に委任されている。このため近年では、社会経済情勢変化に応じた機動的な組織再編が可能となっており、煩雑な国会審議プロセスを経ることなく、霞が関内での要求・査定プロセスを経て年末の予算編成作業と同時に決定されている。

夏の予算概算要求に併せて組織定員の要求が行われ、年末の概算決定までの間、内閣人事局（旧総務省行政管理局）、財務省主計局、人事院給与局などの制度官庁を相手に調整が行われる。表座敷でいかに立派な論理を展開しても、組織定員要求には超えられない「霞が関の掟《おきて》」が存在する。予算編成で「シーリング」という天井があるのと同様、組織要求には「給与総額の上限」があり、定員要求には厳然とした各省ごとの「級別定数管理」が存在する。したがって、今次組織再編に当たっても、いくら今後農産物輸出が農政の重要課題だとしても、また、畜産物が今後拡大可能な重要な輸出産品だとしても、既存の農水省の組織に手を付けずに輸出・国際局や畜産局を単純に増設することは困難であった。

一方で、後述する「1省1局削減」の経緯もある中で、今回の1局増を伴う組織再編は、通常の役所のルールに則った手法では実現しなかっただろう。局長級の政策統括官を廃止したとはいえ局の数が一つ増設されているのは、農産物輸出促進が官邸直結のテーマであり、また畜産局の復活が時の農水大臣の悲願であったことに大きく依存しているのだろう。

二　近年の農水省組織再編の歴史

本節では、2001（平成13）年の中央省庁再編以降における農水省の組織再編を振り返る。

1　2001年の中央省庁再編による1局削減【畜産局から畜産部へ】

2001（平成13）年1月の中央省庁再編は、22省庁あった中央省庁を再編し、内閣府を司令塔とする1府12省庁体制を構築するものであり、この際に存続する省庁に対してはいわゆる「1省庁1局削減」が求められた。もともと定員の割に局の数が多かった通商産業省などと異なり、大臣官房と五つの内局で3000人余の定員を抱えていた農水本省において、1局を削減することは極めて困難な課題であった。結論が得られるまでにはさまざまな案が検討され、最終的には組織再編に伴うコストにも鑑み、旧5局の中で最も親和性の高い農産園芸局と畜産局が統合された。けだし、ともに生産振興を所掌事務とし、生産総合対策などの予算補助事業を主たる行政ツールとするなどの共通点に着目したのだが、これを機会に「耕畜連携」といった両局統合のメリットを引き出そうとする概念・施策や、農業生産総合対策と畜産総合対策の統合・運用の弾力化など、組織再編の効果を顕在化しようとする機運も生まれた。

一方で、旧農産園芸局と旧畜産局の内部組織はほぼそのまま生産局に移行しており、旧畜産局が旧農産園芸局に嫁入りしたようなものであった。物理的にも南別館5階に位置した旧畜産局がそのまま、本館2階にあった旧農産園芸局の局長室を挟んで北側に移動・展開した。当時筆者は畜産局畜産総合対策室長だったが、旧畜産局側から見ると毎週月曜朝に課室長全員が参加して開催されていた局議への室長の参加が畜産総合対策室長に限定され、その後引き続いて畜産部長室で行われる畜産部議が実質的な議論の場になるなど、いわゆる「吸収合併」の悲哀も味わった。同時に、巨大な局としてのガバナンスやオペレーションの難しさが日を追って顕在化することとなった。なお、この時点においては主要食糧であり最重要作物である米麦を所掌する組織として外局の食糧庁が存在していたが、米麦も含めた生産振興政策に着目した組織再編が実現することはなかった。

2　ＢＳＥを契機とする「消費者に軸足を置いた」２００３年の組織再編

【食糧庁の廃止と畜産部のさらなる縮小】

中央省庁再編から半年余り経過した２００１（平成13）年九月、千葉県下で一頭のＢＳＥ感染牛が確認された。一連のＢＳＥ騒動の始まりである。ＢＳＥ騒動についての詳述は避けるが、その後数年にわたり畜産業界及び畜産行政を揺るがせた本騒動は、畜産行政組織、そして農水省組織にさらなる再編を迫ることとなった。BSE感染経路の究明が進められる中で、その原因物質が牛の肉骨粉を原料とする飼料であることが判明した。また、当時の行政対応が検証される中で、諸外国における飼料規制の進展に比べ我が国の対応が遅れたのは科学的な知見に基づく合理的な判断よりも産業振興が優先されたのではないか、との指摘も行われた。これらの指摘や反省を踏まえ、畜産行政について、産業振興部門と飼料・医薬品規制や動物検疫部門とを峻別するとともに、農業中心・一次産業中心で消費者目線に欠けがちな農水省の姿勢を、消費者に軸足を置く方向に転換することとされた。これを受け2003（平成15）年に、肥飼料・医薬品・農薬等の規制を行うとともに消費者行政をも包摂する消費・安全局が設置された。この結果、2001年1月に新設された畜産部はさらに再編を余儀なくされ、従来の1部7課体制から1部5課体制へと縮小した。

なお、省庁再編に伴う1局削減から2年余しか経ていないこの組織再編において、新局の増設が単純に認められるわけはなく、農水省としては、消費・安全局の新設に伴い食糧庁の廃止という重大な決断を迫られた。自然体で考えればこの時に、食糧庁が所掌していた米麦政策は生産局に移管されて然るべきだったのだが、生産局の所掌事務が広範になりすぎることや課室の数、定員のバランスなども考慮され、旧食糧庁組織は総合食料局に食糧部として移管された。

3　事故米を契機とする2011年の食糧組織の改廃【食糧部から農産部へ】

2008（平成20）年9月、政府所有米穀のうちカビ等により食用に適さないとされ非食用として売却されていた米穀が事業者により横流しされ食用として流通されていたことに起因するいわゆる「事故米」事案が発覚した。ＢＳＥ事案と同様、事故米事案は本稿の射程ではないので詳述はしないが、内局の総合食料局の一部局となっていた食糧部にとって、この事案は極めて重大な結果をもたらすこととなった。

事故米事案の原因の一つとして、旧食糧庁時代から続く食糧管理物資たる米麦に対する意識、すなわち長い年月続いた食糧管理体制下で扱っている物資が食品であるという意識の希薄化が指摘された。この時の組織再編においては、本省食糧部のみならず、地方農政局、地方農政事務所における食糧組織の廃止という結論がもたらされた。これにより、本省食糧部は名称を農産部に変更した上で生産局の一部局に衣替えするとともに、従来の地方支分部局の食糧組織は消費・安全部局の主要部隊へと変化していくこととなる。つまり、従来の農産物検査管理や輸入米麦の検収業務などの主要食糧業務から、米トレサビリティー法に基づく流通監視や食品表示法に基づく監視などの消費・安全業務へとその主たる業務を変化させたのだが、はたして組織としての意識改革はもちろん、そこに所属する個々の職員の意識・スキルの改革が意図した通り実現できたかどうかについては議論があるだろう。行政組織の改廃に当たっては、時として生身の人間が組織を構成するという当たり前のことが没却されがちであるが、この時の食糧組織の消費・安全部局への再編は、その典型例であったろう。

４　「四つの改革」による経営所得安定対策と米政策の一体的推進【２０１５年の政策統括官の設置】

２０１２（平成24）年末の政権交代に伴い、前政権の看板政策だった農業者戸別所得補償制度が廃止され、①農地中間管理機構の創設、②経営所得安定対策の見直し、③水田フル活用と米政策の見直し、④日本型直接支払制度の創設　からなるいわゆる「四つの改革」が決定された。この過程において、②の経営所得安定対策と③の米政策については、水田農業という切り口から同一の組織で推進される必要性が認識された。一方で、果樹・園芸・蚕糸・畜産・酪農といった広範な作物原課から農業環境、生産資材まで広く所掌する生産局において、さらに②の業務まで所掌することについては無理があった。このため、2011（平成23）年に生産局に統合されていた農産部を再び分離し、そこに経営局から経営所得安定対策部署を統合し、別個の局で所掌することが模索された。

しかし、既述の通り内局の単純増設は困難であることから、新たな局長級官職の設置のためには、一工夫が必要であった。そこで採用されたのが、他省庁では一般的であったが農水省には設置されていなかった「政策統括官」の活用である。

政策統括官は、2001（平成13）年の中央省庁再編の際に所掌事務が巨大となった内閣府や統合省庁に設置された局長級の官職である。内局と同格であり、その傘下に参事官を所属させることによっていわば局長と課長による内局組織と同様の機能を果たすものであった。「政策統括官」制度は、中央省庁再編時に決められた各省庁を通じる霞が関全体の内局の上限数の縛りをクリアする手法としても機能していた。

単独存続省であった農水省には政策統括官は設置されていなかったが、中央省庁再編から十余年が経過しいわばほとぼりも冷めた頃でもあり、この時の農水省当局はこの政策統括官を事実上の内局の増設と同じ効果を狙って導入した。これにより、2003（平成15）年にBSE騒動の余波で廃止された食糧庁の復活とも言うべき米麦政策を総合的に所掌する政策統括官組織が設置されることとなった。なお、その財源としては、法律職であった農林水産技術会議事務局長があてられることとなり、爾後、大臣官房技術総括審議官が技術会議事務局長に兼ねて任ぜられている。

三　今次組織再編の背景と評価

前章では、この20年間の農水省組織の変遷について、旧畜産局、旧食糧庁を含む農業生産部局を中心に見てきたが、この間の社会経済情勢の変化や農政上の事件に応じて、時の政策当局が苦心しながら、所属職員の配置換えはあったものの官職自体の廃止（いわゆる「リストラ」）という最悪の事態にならないように留意しつつ組織再編を行ってきたことが理解できる。特に、旧畜産局と旧食糧庁の組織・機能については、度重なる事件・事故や社会経済情勢の変化に対応しながら、二転三転した苦悩の跡がうかがえる。

筆者は前章におけるこれまでの組織再編のすべてに当事者として立ち会ってきた。一方今次組織再編は退官後のことでもあり、離れた立場から現役職員の苦労や考えを推し量ることしかできないが、過去の経緯を踏まえれば、今次組織再編においても旧畜産局と旧食糧庁の所掌事務の塊をどのように再編するのか、そしてそれを「霞が関の掟」とどう折り合いをつけて処理するかが主要課題だったことは想像に難くない。

生産局の肥大化と畜産行政の専門化

２００１（平成13）年の中央省庁再編により、旧農産園芸局と旧畜産局という2局分の所掌事務を抱えることとなった生産局は、発足当時から懸念された通り巨大すぎる内局であったことは否めない。生産局長の下に審議官（のちに生産振興審議官）と畜産部長を配して局長を助け両分野の総括整理業務を担わせる体制ではあったものの、畜産部内においてはその意思決定は畜産部長が事実上のヘッドとなり、「ミニ内局」が一つ存在していたようなものであった。

20年間にわたり生産局畜産部として業務が処理されてきた中で、飼料米生産と稲わらのたい肥還元や水田放牧の推進などの耕種部門と畜産部門の有機的な連携が進展したことは事実だが、行政組織運営としては両部門の融和・連携よりも生産局内における畜産部の独立性が際立っていたといえよう。

日常の業務運営に当たっては、食肉価格・乳価など

農業総産出額と生所得の推移

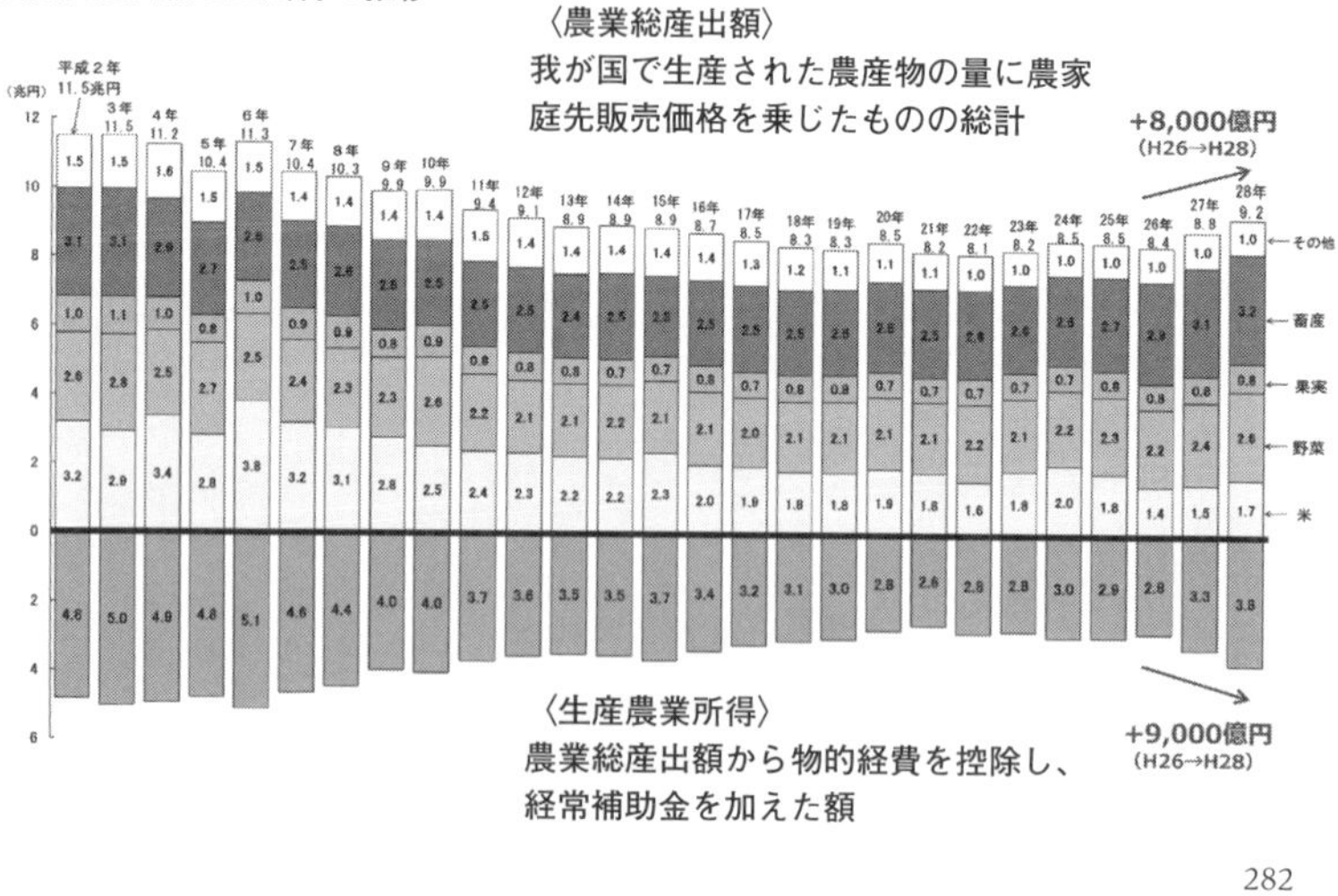

の畜産物価格決定、ＴＰＰ交渉や大筋合意後の国内対策などの国際関係業務、口蹄疫や豚熱などの感染症対応（この分野は単なる衛生対策だけでなく事前の予防対応、事後の農家指導まで含めて本来同一部局が一体的に対応すべきだが、現状は生産局畜産部と消費・安全局で分割対応が行われている）などの畜産部の業務は、生産局内においてそのウエート及び困難度を増大させてきている。また、これらの政策調整・決定・推進に当たって大きな影響力を有する立法府（国会議員）の世界においても、従来の農林族議員の中でも畜産族議員ともいうべき勢力が力を増し、その意向が無視できないものとなりつつあったのだろう。

結果的に、政治的な要請もあり巨大化した生産局を畜産・酪農分野と耕種分野に分割するという方向性が選択された。

２　畜産・酪農の発展と米の地位低下

一方、米については需要が長期的に減少し、かつての全量国家管理から一〇〇万トンの政府備蓄米運営へと変化してきている。もとより政府管理米穀の数量が減少したからといって米麦政策業務の重要性が低下するわけではない。毎年の米の生産調整の推進や出来秋に向けての価格動向を背景とした政策対応などは農水省内でも屈指の重要かつ困難な業務であることに変わりはない

しかしながら、旧食糧グループが局長級の政策統括官組織を構えているのに対し、これと比較して畜産グループこそが局を構えるべきであるとの意識や、親和性という観点からは耕畜連携よりも米と生産局の畜産以外の耕種農業の方がはるかに技術的・経営的な共通性が高いとの認識に、畜産関係者

や関連国会議員も思いが至ったのであろう。したがって、今回こそ畜産部を生産局から独立させ局へ復活させた上で、旧食糧庁、旧総合食料局食糧部、旧生産局農産部そして政策統括官へと名称・組織の変更を繰り返してきた米麦政策部門を残りの生産局の耕種部門と統合する、というのは自然な流れだったのだろう。

とはいえ、2001（平成13）年の中央省庁再編前の旧畜産局は1局9課の規模で局を構えていたのに対し、今次組織再編で設置される新畜産局は新設される総務課を含めても1局7課の小所帯に過ぎない。畜産局総務課と企画課のデマケーション（業務分担）をどうするかなど局内の組織運営上の問題も考えられる。また、省全体の組織政策の観点からは、後述する食料産業を所掌する行政組織の規模・格付けとの関係で問題はないのかという点は指摘されなければならないだろう。

3 「霞が関の掟」との調整

前節で述べた通り、畜産サイドとしては単に畜産部を独立させ局にすれば事足りたのだろうが、その場合また「局が一つ増える」という問題が発生してしまう。そうなれば畜産関係者のゴリ押しと映り、これがまかり通れば中央省庁再編時の「1局削減」で無理やり抑えこんだパンドラの箱が開き、霞が関中で大混乱が起きかねない。そこで、単なる畜産局の増設ではなく、「きれいな」論理が必要になったものと考えられる。2030年に農林水産物輸出目標5兆円を実現するためにも輸出促進を主たる業務とする局を設置する、また将来輸出の伸びが期待できる主要物資である食肉・乳製品を大増産していくためにも畜産局の設置が不可欠だ、そんな論理が考え出されたのだろう。

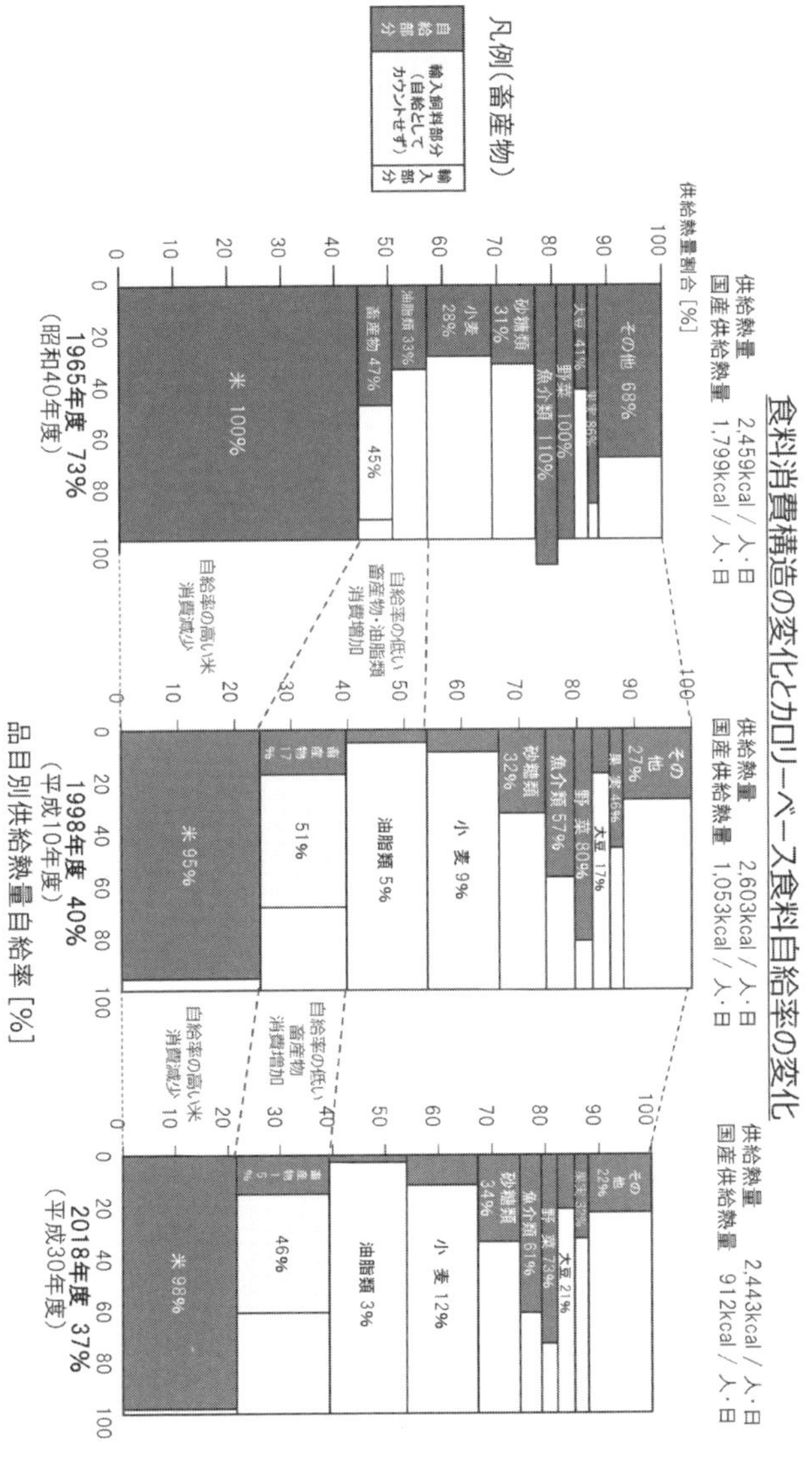
食料消費構造の変化とカロリーベース食料自給率の変化
凡例（畜産物）
自給部分
輸入飼料部分（自給としてカウントせず）
輸入部分
供給熱量割合 [%]
供給熱量 2,459kcal／人・日
国産供給熱量 1,799kcal／人・日
その他 68%
果実 86%
大豆 41%
野菜 100%
魚介類 110%
砂糖類 31%
小麦 28%
油脂類 33%
畜産物 47%
45%
米 100%
1965年度 73%
（昭和40年度）
自給率の低い畜産物・油脂類消費増加
自給率の高い米消費減少
供給熱量 2,603kcal／人・日
国産供給熱量 1,053kcal／人・日
その他 27%
果実 46%
大豆 17%
野菜 80%
魚介類 57%
砂糖類 32%
小麦 9%
油脂類 5%
畜産物 17%
51%
米 95%
1998年度 40%
（平成10年度）
自給率の低い畜産物消費増加
自給率の高い米消費減少
供給熱量 2,443kcal／人・日
国産供給熱量 912kcal／人・日
その他 22%
果実 37%
大豆 21%
野菜 73%
魚介類 61%
砂糖類 34%
小麦 12%
油脂類 3%
畜産物 15%
46%
米 98%
2018年度 37%
（平成30年度）
品目別供給熱量自給率 [%]

それでも霞が関の掟である「1局削減」ルールには抵触するのだが、かつて神通力を誇った霞が関を通じる局の数の上限の縛りが骨抜きになったからか、輸出振興やその重要品目としての畜産振興が官邸案件だったからかはわからないが、輸出・国際局と畜産局の2局の設置により、結果的に政策統括官という局長級官職が本物の局長に化けることができたことは、農水省当局としては、まさに僥倖であったろう。

四　今次組織再編が積み残したもの

前節までで、本稿の主要課題である「政策統括官の廃止と農産局・畜産局の設置」の経緯、背景、概要などについての論点は概ね整理できた。本節においては、積み残した課題について検討したい。

1　新生「畜産局」の課題

今次再編により、2001（平成13）年に廃止された畜産局が20年ぶりに復活することとなる。しかしながら、先述してきた通り、この20年の間に畜産部局については、消費・安全局の設置に伴う畜産衛生業務、動物用医薬品業務、動物検疫業務などの切り出しが行われている。昨今話題のアニマルウエルフェアが消費・安全局でなく畜産部の所掌であるのに対して動物用医薬品・飼料添加物規制や衛生対策が消費・安全局の所掌であることの合理的説明は可能だろうか。東日本大震災の福島原発事故の際の放射性物質に汚染された稲わらの家畜への飼養管理業務をめぐる畜産部と消費・安全局の間での消極的権限争いなどに代表されるような諸課題は、「基準・規制は消費・安全局、飼養管理は畜産部」といった畜産農家ファーストとは思えないデマケーション（業務分担）の結果によるものである。

それもこれも、すべては、本来畜産局で一体処理されていた業務をあえて分割したことに起因する。「消費者に軸足を置く」という当時のスローガンや「科学的知見に基づく行政」というお題目のせいで、行政組織や人員の適材適所の資源配分が行われておらず、本来農水省として最も重要である生産基盤の拡充や国産農産物の振興といった地道な業務が軽んじられ、科学的知見や論理整合性、規制優先といった生産現場からかけ離れた業務運営による弊害が生じているのではないだろうか。せっかく新生「畜産局」を設置するのであれば、これら消費・安全局へ移管された諸業務の畜産局への再統合が必要であったろう。なお、このことは、肥培管理・農薬施用指導業務と肥料・農薬の基準・規制業務とが分割された耕種部門にも当てはまるものである。

もとより筆者も科学的知見に基づく行政を否定するつもりはないが、単なるお題目ではなく、消費者に軸足を置いた食の安全・安心を所掌する中央官庁を目指すのであれば、人間の生命を扱う専門職である医系技官の採用を含めて、厚生労働省所掌分野との再編も真剣に考えるべきであろう。

2　輸出・国際局の課題

今次再編により新設される輸出・国際局が想定通りの機能を発揮できるか否かについては、今後の農水省における本局に関わる制度、予算、人事の動向を注視しなければならず、軽々に論ずることは控えたい。しかしながら、国を挙げて国産農産物の輸出振興を図るということであれば、前節の論点

農林水産物・食品の輸出額の推移

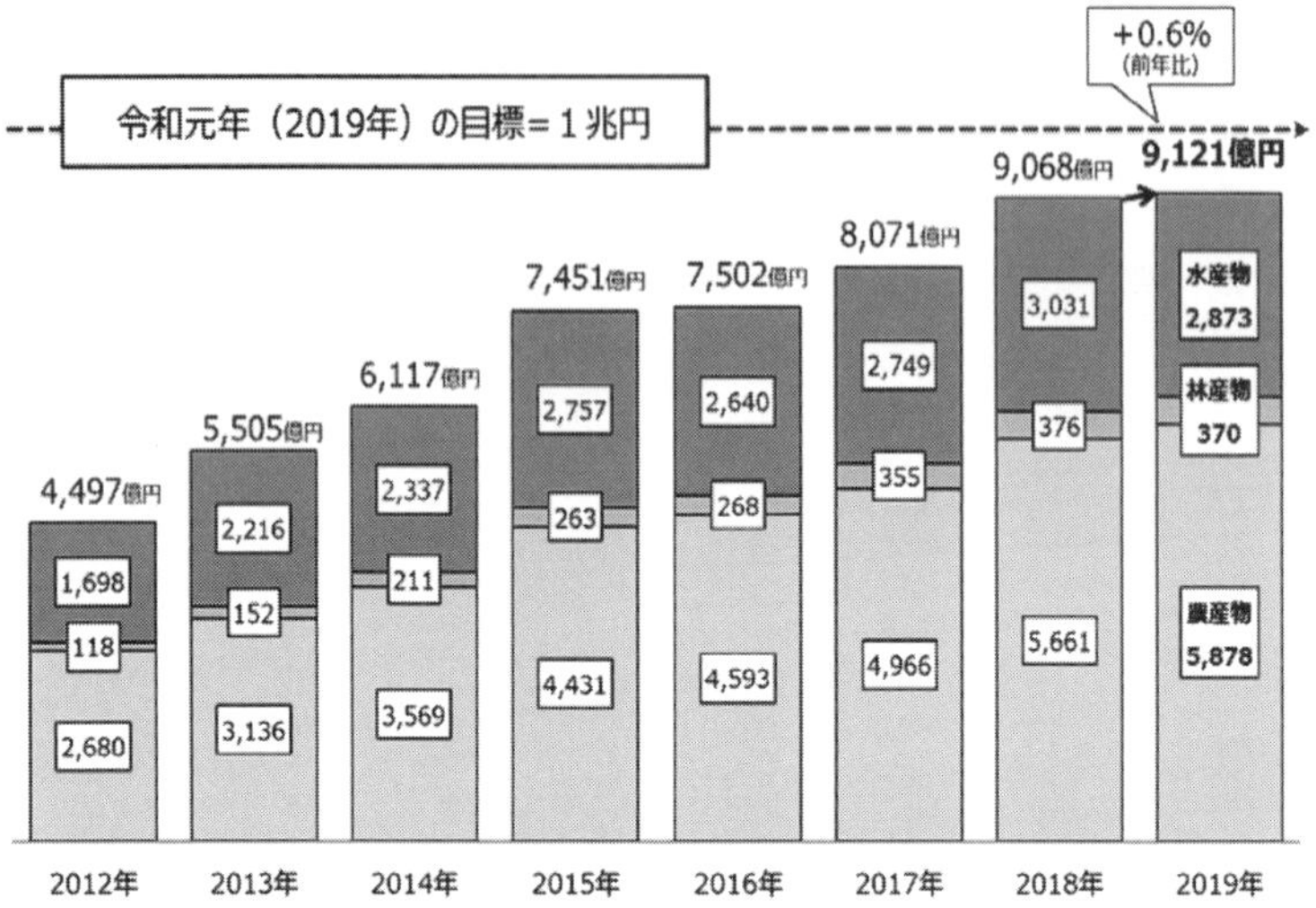

と同様に単に農水省の組織再編のレベルではないはずである。２０２０（令和２）年に農水省設置法の改正まで行い農林水産物・食品輸出本部を設置したが、輸出の最大の障害になっている相手国が求める生産加工流通施設の認証権限などの食品安全行政を業務多端で多忙かつ保守的な厚生労働省から切り出して、一時期検討されたような「食品安全庁」の設置を実現する方がよほど効果的だろう。これにより、前節で述べたような課題を有する消費・安全局も晴れてその発展的解消が図られるのではないだろうか。

３　食料産業と行政組織

我が国の農林水産業・食料産業の市場規模は約１００兆円であり、近年安定的に推移している。このうち農林水産物単体の市場規模は価格動向にもよるが12兆円程度であるのに

農林水産物・食品の輸出促進

現状と課題

（現状）

○ 2019年の輸出額は9,121億円。１兆円目標には至らず。

（課題）

1．**海外の食品安全規制**等により輸出できない国、品目が多い。

2．海外の規制・ニーズに応じた生産ができる**事業者の育成**。

3．海外の需要が高いにもかかわらず**供給力が不足**。

4．海外で売れる可能性を持った**新たな商品の発掘・開発、売り込み**が不十分。

（目指す姿）

○ 2030年に農林水産物・食品の**輸出目標**を**５兆円**とする。

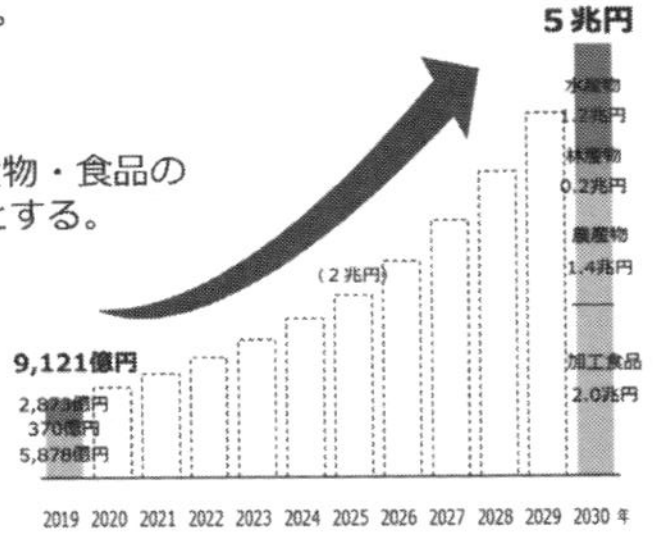

※農林水産物由来の新たな加工品及び少額貨物（１ロット20万円以下）を新たに輸出額のカウントに追加（上図の内訳には含まれない）

施策の方向

農林水産物・食品輸出本部

※ 農林水産大臣を本部長とし、関係閣僚で構成

本部を司令塔とし、
次のことを関係府省と連携して実施

1．輸出先国との**協議の加速化**

2．輸出向けの**施設整備・認定の迅速化**

3．輸出証明書の**申請・発行の一元化**

4．在外公館の**対応の強化**

関係府省の施策と連携し、新型コロナウイルス感染症の流行が収束した後に、再び、継続的に外需を取り込み、成長軌道へ一気呵成に回復させ、地域経済を再活性化。

出典：農林水産省資料より

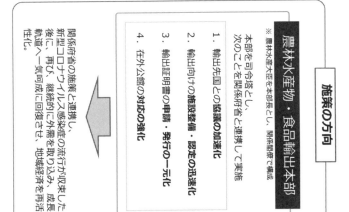

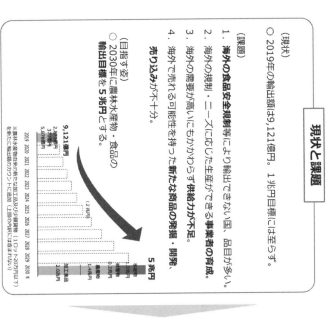

対し、川下の流通、加工、中食、外食などの食料産業分野で付加価値がつけられることにより、最終市場規模１００兆円という一大アグリビジネス産業分野が形成されている。この市場規模は、不動産業（約80兆円）や建設業（約70兆円）をしのぐ我が国の主要産業分野の一つとなっている。

この食料産業分野を所掌する行政組織をどう取り扱うかは、農水省（かつては農林省）の行政組織政策上の大きな課題であり続けた。とかく農業偏重、一次産業偏重と批判される中ではあったが、農林水産物の生産だけではなく、その流通、加工、販売の重要性は当局も十分認識しており、時代の要請と業界の成長に併せて、古くは１９５５（昭和30）年の農林経済局企業市場課の設置以来、１９６８（昭和43）年の企業流通部（1部5課）の設置、そして１９７２（昭和47）年には業界関係者の悲願がかなない食品流通局（1局10課）への昇格と、行政組織の拡充及び格上げが続いてきた。その後中央省庁再編時の1局削減の際にも総合食料局として存続し、２０１１（平成23）年には食料産業局へ名称変更しながら、時代の要請にこたえるべく組織・機能を高度化させてきた。

そもそも食料産業は今でこそ農水省の所掌であることに異論を唱える人間はいないが、かつては、すべての産業は自分たちの所掌であるという鼻持ちならない意識で霞が関に存在した通商産業省（現経済産業省）との権限争いの場でもあった。彼らの主張の根拠は、その組織令に規定されている「商一般」という条項にあった。これを根拠に、衣類や紙製品といった日用品・雑貨は当然のこととして、生鮮農林水産物から加工食品などの飲食料品まで、すべての分野の商取引に口を出そうとしていた。商店街振興や大規模小売店舗規制など時代の政策課題に対応して八百屋・魚屋・肉屋はもとより食品卸・小売全般にまで食指を伸ばそうとしていたのである。そんな彼らとの所管争いの関係からも、農

農業・食料関連産業の国内生産額

○農業・食料関連産業の国内生産額（平成28年）

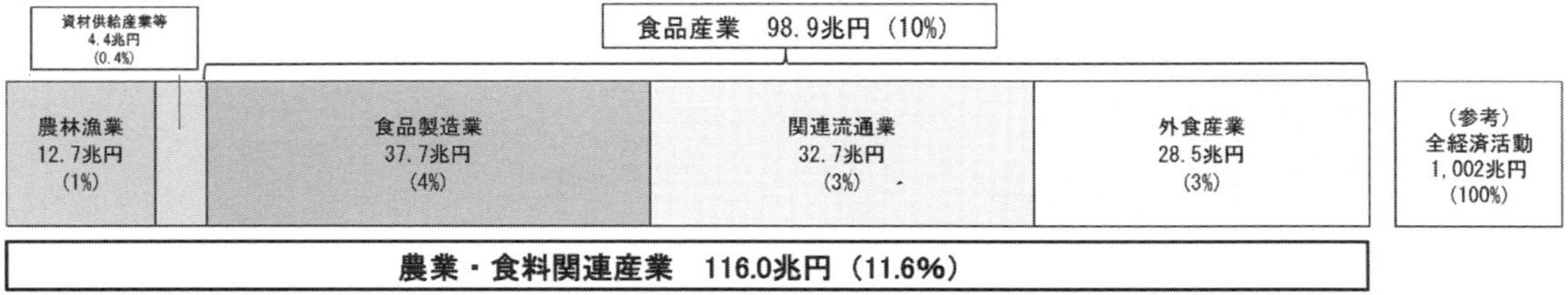

資料：農林水産省「農業・食料関連産業の経済計算」、内閣府「国民経済計算」
注１：割合（%）は出典２統計の推計方法等が異なるため、参考値として記載
　２：農林漁業の林業は食用の特用林産物の値
　３：関連流通業は、農業及び食料関連産業に係る商品の取引に伴う商業マージン（卸売、小売）及び国内貨物運賃の合計値

○農林漁業、食品産業の市場規模比較（平成28年）

	生産額(億円)	就業者数(万人)
はん用・生産用・業務用機械製造業	361,152	134
電気・ガス・水道・廃棄物処理業	319,621	62
石油・石炭製品製造業	153,540	3
農林漁業	126,955	222
金属製品製造業	114,064	95
パルプ・紙・紙加工品製造業	78,606	26
窯業・土石製品製造業	63,378	31

	生産額(億円)	就業者数(万人)
製造業	3,108,737	1,041
卸売・小売業	1,135,526	1,059
食品産業	988,930	764
不動産業	763,182	94
建設業	646,462	492
保健衛生・社会事業	635,066	808
専門・科学技術、業務支援サービス業	593,008	501

注１：農林漁業の林業は食用の特用林産物の値。食品産業とは食品製造業と外食産業、関連流通業の合計。電気・ガス・水道・廃棄物処理業の生産額には、政府サービス生産者によるものを含む。
　２：食品産業の就業者数は、食料品製造業、飲料・たばこ・飼料製造業、飲食料品小売業、飲食店、持ち帰り・配達飲食サービス業の合計であり、飲食料にかかる卸売業及び運輸業の就業者数は統計上把握できないため、含めていない。

出典：農林水産省資料より

水省としては、自らの所掌分野である食料産業界から必要とされる税制・金融上の支援措置や業界再編のための予算措置、構造再編のための法制度など考えられる政策対応を行うと同時に、その証としての農水省の行政組織上の位置づけにも常に意を用いてきたのである。

4　今次組織再編と食料産業

今次組織再編については、既述の通り各方面からの要請を踏まえて、やむに已まれぬ決断のもと行われたものであろうと推察するが、こと食料産業に関する行政組織の位置づけ・取り扱いについては、疑問なしとしない。大臣官房に新設される新事業・食品産業部が今後食料産業分野を所掌することとなるようだが、何らかの総括整理職の設置その他の知恵を出して、あえて大臣官房に設置するという利点を最大限に生かし、局を構えていた従来以上の機能の発揮が求められよう。

前節でも述べた通り、1972（昭和47）年の食品流通局の設置以来農水省が営々と築き上げてきた食料産業界との信頼関係を決して損なうことなく、引き続き食料産業関係者が求める適切な政策対応が新組織により講ぜられることが必要である。仮にそのような期待に応えられない場合には、早晩、何度目かの組織再編を求める声が高まらざるをえないだろう。

小売業の覇者として隆盛を誇るコンビニエンスストアもかつては、旧通産省と農水省の間で所管争いが行われていた。当時の両省間のデマケーション（業務分担）としては、一旦は、当該店舗・業態における農水物資（生鮮農林水産物や飲食料品）と非農水物資（日用品・文具・雑貨などの通産物資や書籍、酒類、医薬品など他省所管物資）の売り上げの多寡によるものとされたのである。であるとすれば、

所掌分野と組織の変遷	米麦	米麦以外の耕種作物	畜産振興	畜産衛生・農産安全関係	組織概要
平成13年1月以前	食糧庁	農産園芸局	畜産局	畜産局	1官房5局（経済局、構造改善局、農産園芸局、畜産局、食品流通局）、食糧庁
平成13年1月 中央省庁再編 【1省1局削減】	↓	【農産園芸局と畜産局を統合し生産局を設置】 生産局	【畜産局を廃止し生産局畜産部を設置】 生産局畜産部	生産局畜産部	1官房4局（総合食料局、生産局、経営局、農村振興局）、食糧庁
平成15年 （BSE事案後） 【食糧庁の廃止】	【食糧庁を廃止し総合食料局食糧部を設置】 総合食料局食糧部	↓	↓	【食糧庁を廃止し消費・安全局を設置】 【畜産衛生部署を消費・安全局へ移管】 消費・安全局	1官房5局（総合食料局、消費・安全局、生産局、経営局、農村振興局）
平成23年 （事故米事案後） 【食糧組織の廃止】	【総合食料局食糧部を生産局へ農産部として移管】 生産局農産部	↓	↓	↓	1官房5局（消費・安全局、食料産業局、生産局、経営局、農村振興局）
平成27年 （4つの改革後） 【政策統括官の設置】	【生産局農産部と経営所得安定対策部署を運用上統合】 政策統括官	↓	↓	↓	1官房5局（消費・安全局、食料産業局、生産局、経営局、農村振興局）、1政策統括官
今次組織再編	【政策統括官を廃止し農産局へ移管】 農産局農産政策部	【生産局を分割し政策統括官を統合し農産局を設置】 農産局	【生産局畜産部を廃止し畜産局を設置】 畜産局	↓ ↓	1官房6局（消費・安全局、輸出・国際局、農産局、畜産局、経営局、農村振興局）

その取扱品目の状況からしても現在のコンビニは農水省の所管であって然るべきなのだが、今、コンビニが農水省所管だと考える人はおるまい。食料産業行政で同様の過ちが繰り返されないよう、強く警鐘を鳴らしておきたい。

五　むすびに

以上、今次組織再編について私見を述べてきたが、筆者の役人としての経験から誤解を恐れずに言えば、組織再編により個別具体の政策課題が解決するものではない。昨今のデジタル庁や子ども庁の議論などを聞くにつけて、何かというと行政組織を触りたがる政治家や幹部官僚は常に存在するが、組織再編に要する人的・時間的コストと比較すれば、目前の政策課題解決効果は低いと言わざるを得ない。また、行政組織には予算や定員などさまざまな制約が課されており、その中で「よりましな」選択をせざるを得ないという意味で、行政組織論に１００％の正解はない。

したがって、今次組織再編も、考えられる選択肢が無限にあった中での、一つの成果物であるわけだが、せっかく多大な時間と労力を傾けて実現した組織再編である以上、この再編が今後の農林水産業・食料産業の発展に寄与するよう、農水省一丸となって努力することを期待したい。特に、本稿でも顧みたようにここ20年余り揺れ動いてきた生産振興分野の行政組織及びそこに所属する公務員諸兄にしばしの安定が訪れることを期待して、筆をおくこととする。

（『農村と都市をむすぶ』２０２１年7月号）

あとがき

２０２１年から日本農業新聞に書き連ねてきたコラム「農政岡目八目」をまとめて単行本として出版するお話を頂戴したのは２０２３年末頃だったろうか。諸般の事情によりその具体化が遅れてしまったが、結果としてこの時期の出版となったことにより、かえって時宜を得たものとなったのではないかと考えている。

お話をいただいた頃は、いよいよ食料・農業・農村基本法の一部改正法が国会に提出されようかという頃だったが、その後改正法は関連法とともに国会提出され成立した。昨年夏以降の政局の激動を横目に農政当局者は改正基本法に基づく基本計画の策定作業を進め、この春には晴れて閣議決定の運びとなろう。この間の一連のプロセスをトレースし本書に盛り込むことができたのは、僥倖である。

食料システムにおける合理的なコストを考慮した適正な価格形成の推進と持続可能な食品産業を支援する法律案（食料システム法案）が、いまだ国会で審議中なのが心残りではあるが、農政当局者の努力により、早晩この法案も成立するだろう。

せっかく単行本にするのであれば、過去のコラムを集めるだけではなく、「今」の時点で書くべきことを書いてはどうかというアドバイスもあり、第一章を書き下ろした。また、第二章から第七章までの各コラムの多くに、新たにコメントを添付した。執筆当時には思いが及ばなかったことや、その後事態が進展したこと、相変わらずのことなど、それぞれではあるが、コラムの理解の一助になれば幸いである。

編集の過程で、「農政岡目八目」以外にも他のコラムや、関連する論文も掲載してはどうかということになった。本書掲載を快諾していただいた多くの関係者に、この場をお借りして感謝の意を表したい。

最後に、常に拙文の最初の読者であり、農政の素人ではあるが辛口の寸評で筆者を督励してくれた妻に謝意を捧げる。

2025年3月

荒川隆　あらかわ　たかし
1959年宮城県生まれ。82年農林水産省に入り、食糧部長、畜産部長、官房総括審議官、官房長、農村振興局長などを歴任し、2018年退官。一般財団法人食品産業センター理事長、ＪＡ全農経営管理委員。著書に『農業・農村政策の光と影』（全国酪農協会、2020年）。

装　丁　岩瀬聡
本文DTP　株式会社アトリエ花粉館

食料安全保障と農政改革　まともな農水省ＯＢの農政解読

2025年4月25日　第1刷発行
2025年5月15日　第2刷発行
2025年6月30日　第3刷発行

著　者　荒川隆

発行者　田宮和史郎
発行所　株式会社日本農業新聞
〒110-8722　東京都台東区秋葉原2-3
電話　03-6281-5801（代表）
https://www.agrinews.co.jp/

印刷・製本　モリモト印刷株式会社

定価はカバーに表示してあります。

ISBN978-4-910318-15-8　Printed in Japan
落丁・乱丁本はおとりかえいたします。